Lukas Leitner

Beschreibung und Montageanleitung einer Pfosten-Riegel-Fassade

Lukas Leitner

Beschreibung und Montageanleitung einer Pfosten-Riegel-Fassade

Grundlagen des Fassadenbaus

Reihe Realwissenschaften

Impressum / Imprint
Bibliografische Information der Deutschen Nationalbibliothek: Die Deutsche Nationalbibliothek verzeichnet diese Publikation in der Deutschen Nationalbibliografie; detaillierte bibliografische Daten sind im Internet über http://dnb.d-nb.de abrufbar.
Alle in diesem Buch genannten Marken und Produktnamen unterliegen warenzeichen-, marken- oder patentrechtlichem Schutz bzw. sind Warenzeichen oder eingetragene Warenzeichen der jeweiligen Inhaber. Die Wiedergabe von Marken, Produktnamen, Gebrauchsnamen, Handelsnamen, Warenbezeichnungen u.s.w. in diesem Werk berechtigt auch ohne besondere Kennzeichnung nicht zu der Annahme, dass solche Namen im Sinne der Warenzeichen- und Markenschutzgesetzgebung als frei zu betrachten wären und daher von jedermann benutzt werden dürften.

Bibliographic information published by the Deutsche Nationalbibliothek: The Deutsche Nationalbibliothek lists this publication in the Deutsche Nationalbibliografie; detailed bibliographic data are available in the Internet at http://dnb.d-nb.de.
Any brand names and product names mentioned in this book are subject to trademark, brand or patent protection and are trademarks or registered trademarks of their respective holders. The use of brand names, product names, common names, trade names, product descriptions etc. even without a particular marking in this work is in no way to be construed to mean that such names may be regarded as unrestricted in respect of trademark and brand protection legislation and could thus be used by anyone.

Coverbild / Cover image: www.ingimage.com

Verlag / Publisher:
AV Akademikerverlag
ist ein Imprint der / is a trademark of
OmniScriptum GmbH & Co. KG
Heinrich-Böcking-Str. 6-8, 66121 Saarbrücken, Deutschland / Germany
Email: info@akademikerverlag.de

Herstellung: siehe letzte Seite /
Printed at: see last page
ISBN: 978-3-639-87173-9

Copyright © 2015 OmniScriptum GmbH & Co. KG
Alle Rechte vorbehalten. / All rights reserved. Saarbrücken 2015

Inhaltsverzeichnis

Kurzfassung

Dieses Buch soll als Leitfaden für den Einstieg in den Fassadenbau dienen. Es bezieht sich auf die Pfosten-Riegel-Fassade, die einen großen Teil des Fassadenbaus ausmacht. Es soll das System Pfosten-Riegel näher bringen, den generellen Projektablauf aufzeigen und die wichtigsten Punkte, auf die man achten sollte, hervorheben, wie z.B. Aufbau und Funktion der Fassade, Optimierung bei der Herstellung von einzelnen Elementen im Werk, Logistik auf der Baustelle hinsichtlich knapper Lagerflächen oder Montagehinweise. Detaillösungen und spezifische Materialbeschreibungen werden nicht behandelt.

Die Projektarbeit besteht im Wesentlichen aus zwei Teilen:

I)   Pfosten-Riegel-Fassade (PR-Fassade)

II)   Projektablauf

Abstract

This project is intended to serve as a guide for entry into the facade construction. It refers in this case only on the post-and-beam facade, but accounts for a large part of the facade construction. The project work should bring nearer the system post-and-beam detail, demonstrate the general project flow and the main points of which you should be careful to emphasize, for example structure and function of the facade, optimization in the production of individual elements in the factory and on-site logistics in terms of scarce storage space or assembly instructions. Detailed solutions and specific material descriptions are not treated, as this is beyond the scope of this work.

The   project   work   consists   essentially   of   two   parts:

I)   Post-and-beam facade

II)   Project flow

1 Einleitung

Fassaden prägen unsere Gebäude. Das Erste und Letzte, was man von einem Bauwerk sieht, ist die Fassade. Aus diesem Umstand heraus ist die Wichtigkeit der Außenhülle eines Gebäudes offensichtlich. Die Art der Ausführung einer Fassade ist abhängig von vielen Faktoren, z. B. der Art und Nutzung, der Größe oder den gestalterischen Anforderungen eines Gebäudes. Unter Berücksichtigung der gegebenen Rahmenbedingungen soll eine möglichst optimale Lösung gefunden werden.

Wovon hängt es also ab, ob eine Pfosten-Riegel-Fassade ausgeführt wird? Antwort: „Es kommt darauf an". Um die Frage genauer beantworten zu können, muss man die Rahmenbedingungen des Projektes kennen, die Aufbauten und die Funktionsweise dieser Konstruktion verstehen und diese richtig anwenden. Durch die folgenden Ausführungen soll der Grundstein dafür gelegt werden.

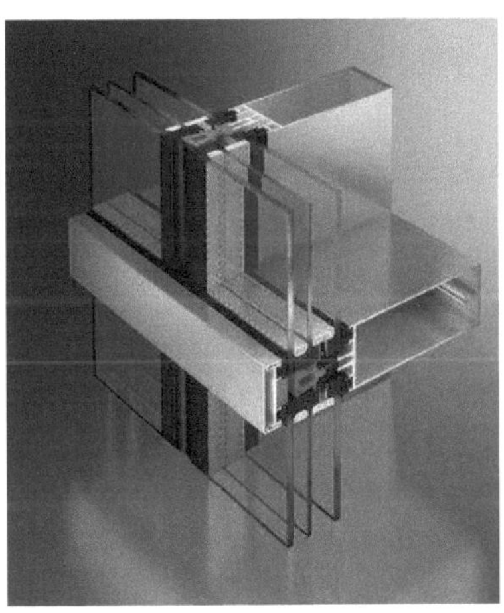

Abb. 1-1 PR-Fassade Tragkonstruktion Aluminium

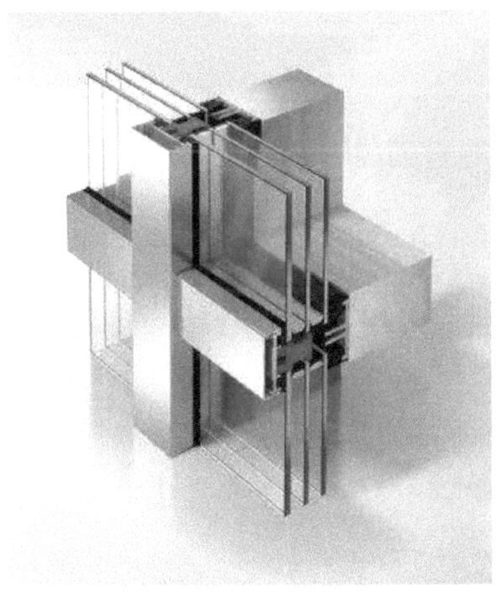

Abb. 1-2 PR-Fassade Tragkonstruktion Holz mit Aufsatzkonstruktion

2 Pfosten-Riegel-Fassade

2.1 Aufbau

2.1.1 Tragstruktur

Die Tragstruktur der Pfosten-Riegel-Fassade besteht aus Pfosten (vertikale „Stützen") und Riegel (horizontale „Träger"). Als Materialien kommen Metall (Aluminium, Stahl) oder Holz zur Anwendung. Die Dimension der Tragstruktur richtet sich generell nach den statischen Erfordernissen. Diese werden wiederum von der Funktion der Fassade beeinflusst – „Was kann die Fassade?" bzw. „Was muss die Fassade können?". Das heißt, das abzutragende Gewicht ist ausschlaggebend für die Bemessung der Pfosten und Riegel. Nachstehend sind Standardprofile von Pfosten, Riegel, Auflageprofilen und Glasfalzverkleinerungsprofilen aus Aluminium abgebildet. Die genauen Abmessungen, und in welchen Standardlängen diese Profile erhältlich sind, hängen vom Systemhersteller ab.

Marktführende Systemhersteller von PR-Fassaden:

- Schüco
- Sapa AS
- Raico
- Hueck

Die nachstehenden Profile wurden aus den Bestell-, Fertigungs- und Montagekatalogen von Schüco entnommen (Im Abbildungs- und Quellenverzeichnis „Schueco-Kataloge" genannt). Der Aufbau und die Funktionsweise unterscheiden sich zwischen den Herstellern im Allgemeinen nicht.

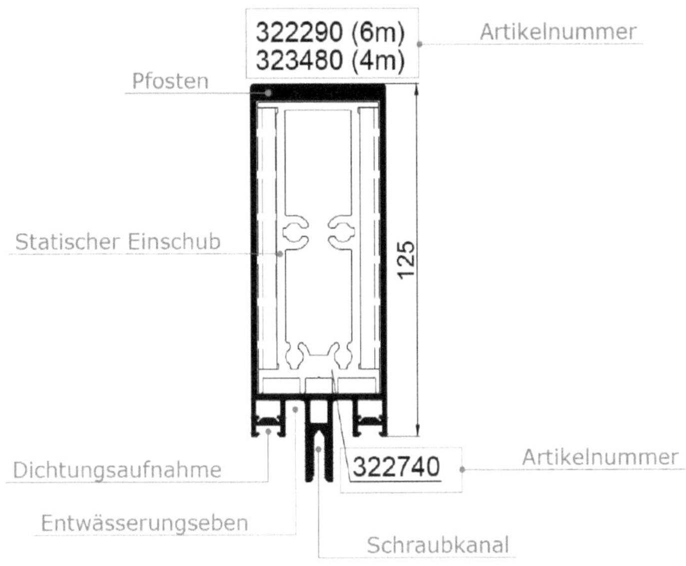

Abb. 2-1 Standartpfosten

Pfosten	Standardpfosten von Schüco Ansichtsbreite: 50 mm weitere Ansichtsbreiten je nach Hersteller z. B. 35 und 60 mm (abhängig vom statischen Erfordernis)
Artikelnummer für Bestellung	Standardlängen 6m und 4m Sonderformen nur bei hoher Stückzahl wirtschaftlich
Statischer Einschub	optional zur Erhöhung der Tragfähigkeit ohne Vergrößerung der Profiltiefe (125mm)
Dichtungsaufnahmen	Dichtungen werden in das Profil eingezogen und dienen als Glasauflager
Entwässerungsebene	Wasserführung des Pfostens um eventuell anfallendes Kondenswasser abführen zu können
Schraubkanal	gerippte Innenflächen für Befestigung der Verglasung mittels Schrauben

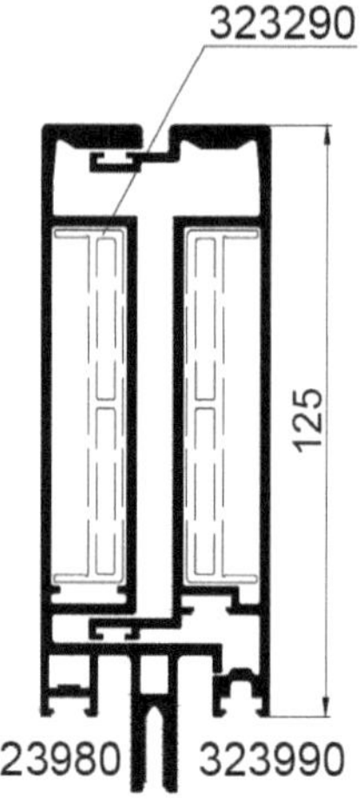

Abb. 2-2 Montagepfosten

Der **Montagepfosten** besteht aus zwei halben Pfosten. Er wird verwendet, wenn Teile der PR-Fassade bereits im Werk vorgefertigt werden. Die vorgefertigten Elemente können dann auf der Baustelle zusammengesetzt werden. Von außen ist später kein Unterschied mehr erkennbar. An der Innenansicht ist eine kleine Fuge zu erkennen. Der Montagepfosten kann ebenfalls mit statischen Einschüben ausgeführt werden.

Der **variable Pfosten** wird verwendet, wenn die Glasflächen nicht in einer Ebene liegen. Aus diesem Grund können die Dichtungsaufnahmen angerollt und die Winkelunterschiede damit ausgeglichen werden. Der variable Pfosten ist auch mit statischen Einschüben erhältlich.

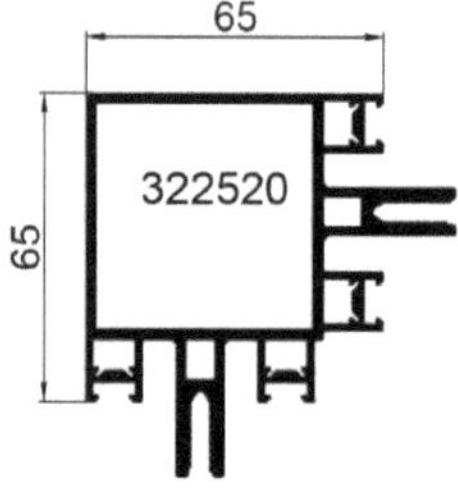

Abb. 2-4 Eckpfosten

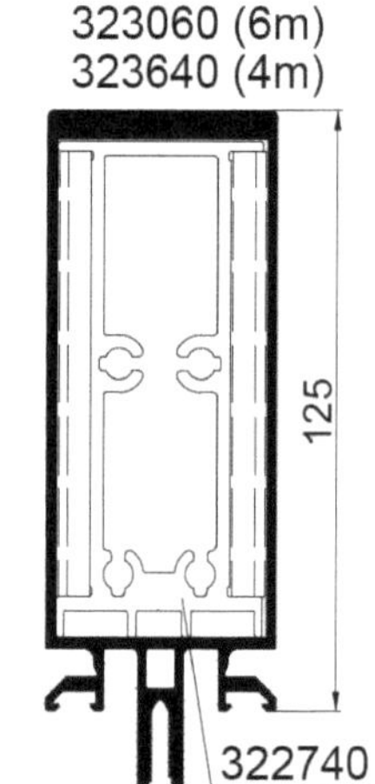

Abb. 2-3 Variabler Pfosten

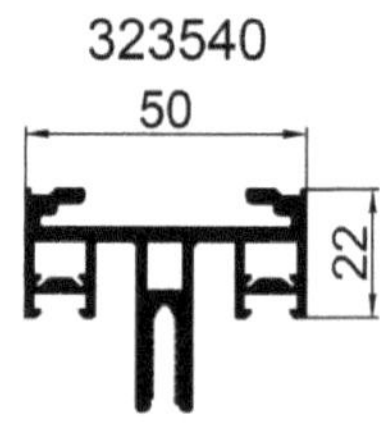

Abb. 2-5 Auflageprofil für Pfosten

Auflageprofile werden verwendet, wenn die Tragstruktur aus Formrohren oder Holzquerschnitten besteht. Mit dieser Ausführung können PR-Fassaden unabhängig von vorgefertigten Profilen hergestellt werden.

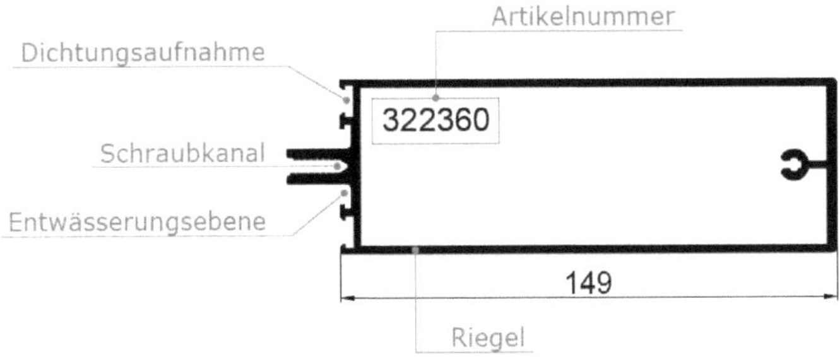

Abb. 2-6 Standardriegel

Riegel	Standardriegel von Schüco Ansichtsbreite 50mm weitere Ansichtsbreiten je nach Hersteller z. B. 35 und 60 mm (abhängig vom statischen Erfordernis)
Artikelnummer für Bestellung	Sonderformen nur bei hoher Stückzahl wirtschaftlich
Dichtungsaufnahmen	Dichtungen werden in das Profil eingezogen und dienen als Glasauflager
Entwässerungsebene	Wasserführung des Riegels um eventuell anfallendes Kondenswasser abführen zu können
Schraubkanal	gerippte Innenflächen für Befestigung der Verglasung mittels Schrauben

Der **variable Riegel** wird verwendet, wenn die Glasflächen nicht in einer Ebene liegen. Um die unterschiedlichen Winkel auszugleichen, kann der Winkel des Riegels verändert werden.

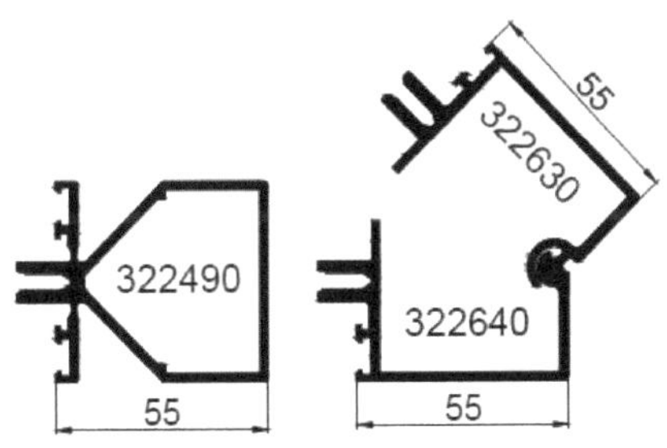

Abb. 2-7 Variabler Riegel

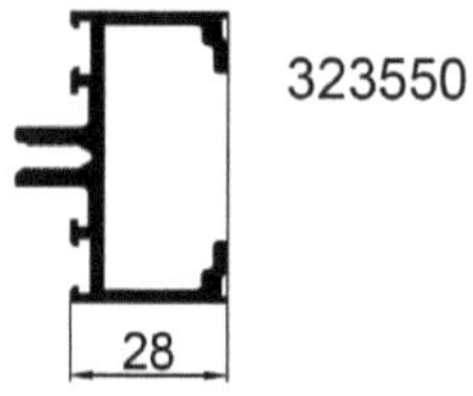

Abb. 2-8 Auflageprofil für Riegel

Auflageprofile werden verwendet, wenn die Tragstruktur aus Formrohren oder Holzquerschnitten besteht. Mit dieser Ausführung können PR-Fassaden unabhängig von vorgefertigten Profilen hergestellt werden.

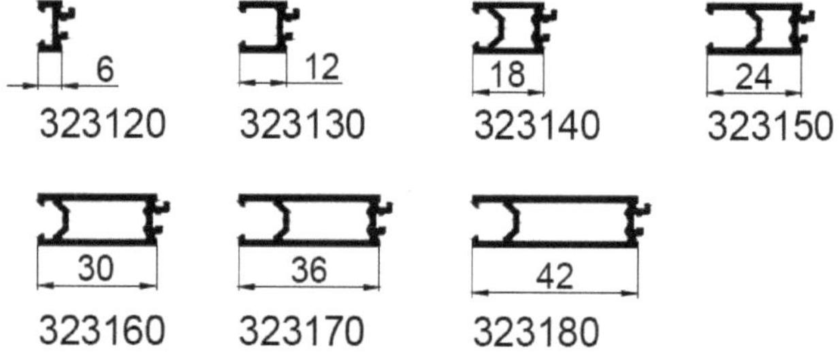

Abb. 2-9 Glasfalzverkleinerungsprofile

Glasfalzverkleinerungsprofile werden verwendet, um unterschiedliche Glasstärken ausgleichen zu können. Sie werden in die Dichtungsaufnahmen des Pfostens oder Riegels eingesetzt und verkleinern somit die Stärke der einzusetzenden Dichtung. Da die Dichtungsstärken begrenzt sind, werden Konstruktionen oft erst durch diese Elemente möglich.

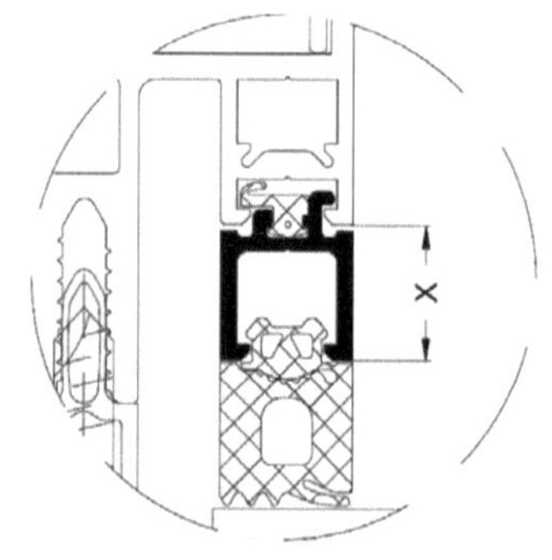

Abb. 2-10 Eingesetztes Glasverkleinerungsprofil

2.1.2 Verglasung

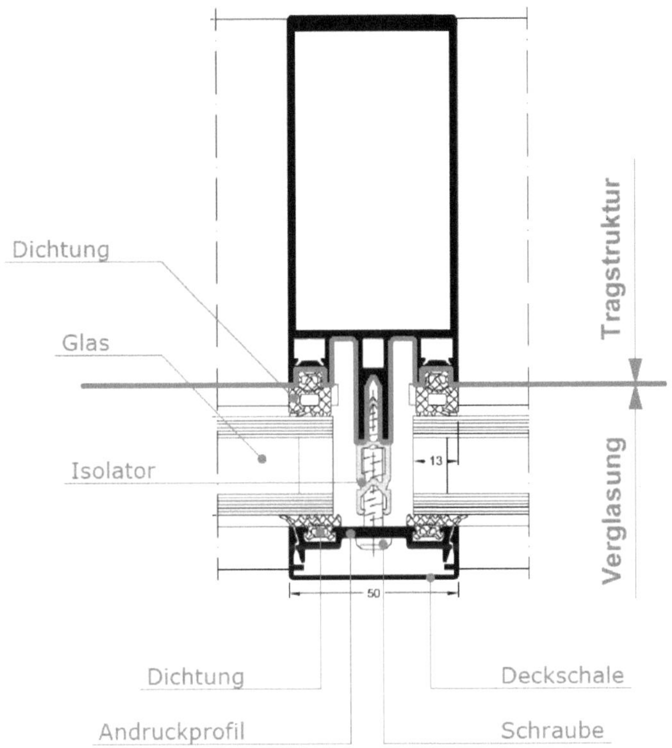

Abb. 2-11 Trennung von Tragstruktur und Verglasung

Der Großteil der abzutragenden Lasten wird durch das Glas verursacht. Je nach Anforderungen werden heute standardmäßig nur noch 2-fach bis 3-fach-Verglasungen ausgeführt, um einen entsprechenden U-Wert zu sichern. Da die Thematik „Sommerlicher Wärmeschutz" eine immer größere Rolle spielt, liegt es an der Fassade, so viel Energie wie nötig in das Gebäude zu bringen, aber auch so viel Energie als nötig abzuleiten, um dieses Problem in den Griff zu bekommen. Die Größe der Gläser ist aus Gründen der Herstellung begrenzt. Die maximalen Abmessungen sind von Hersteller zu Hersteller unterschiedlich. Auch die Form der Gläser beeinflusst deren Abmessungen, z.B. durch begrenzte Biegeradien.

Wichtig: Die Achsraster der Pfosten-Riegel-Fassade müssen schon in den ersten Planungsphasen berücksichtigt werden. Die Rücksprache mit den Herstellern bezüglich der maximalen Größe der Gläser ist ratsam und kann unnötiges Risiko, hohen Planungsaufwand und die damit einhergehenden Kosten ersparen.

Montage der Verglasung an der Tragstruktur:
Hier muss zwischen der Ausführung mit Aluminiumprofilen, Formrohren und Holzquerschnitten unterschieden werden. Bei Aluminium Pfosten und Riegel ist der Schraubkanal bereits am Profil vorhanden. Da diese Profile gepresst werden, ist quasi jede beliebige Form möglich.

Herstellung von Aluminiumprofilen: Aluminium wird durch Erhitzen geschmolzen und die daraus entstehende Masse durch ein Mundstück gepresst. So entstehen endlos lange Profile, welche in wirtschaftliche Standardmaße oder Sondermaße zerschnitten werden. Sonderprofile (Profile, welche nicht standardmäßig im Angebotsumfang des Systemherstellers enthalten sind) können auf diese Weise dennoch produziert werden. Die Verwendung von Sonderprofilen ist aber nur bei sehr großen Abnahmemengen wirtschaftlich.

In den Schraubkanal wird ein **Isolator** eingesetzt. Er verlängert den Schraubkanal und verhindert Wärmebrücken in der Konstruktion, da er aus einem gering wärmeleitfähigen Material besteht.

Bei einer Ausführung mit Formrohren oder Holzquerschnitten muss mit **Auflageprofilen** gearbeitet werden. Diese Auflageprofile können aus Aluminium oder Gummi bestehen. Sie werden direkt auf den Holzquerschnitt oder das Formrohr befestigt und ermöglichen so die Konstruktion einer PR-Fassade. Generell unterscheiden sich diese zwei Konstruktionsarten nur durch den unterschiedlichen Materialeinsatz in der Tragstruktur. Durch den Einsatz von Auflageprofilen ergibt sich der identische Aufbau der Verglasung unabhängig von der Tragstruktur.

Im folgenden Teil sind einige Ausführungsmöglichkeiten von Auflageprofilen dargestellt.

Abb. 2-12 Gummiauflageprofil

Abb. 2-13 Auflageprofil Holzquerschnitt

Abb. 2-14 Aluminiumauflageprofil

Abb. 2-15 Auflageprofil Formrohr

Befestigung der Gläser

Um die Gläser auf der Tragstruktur zu befestigen, werden 3 Varianten ange-
wendet:

1) Andruckprofil und Deckschale

2) Sichtbar geschraubte Deckschale

3) Structual Glazing

Zu 1) Andruckprofil und Deckschale

Bei dieser Ausführungsart wird ein Andruckprofil mit Dichtungen auf das Glas aufgebracht und mit Schrauben mit der Tragstruktur verbunden. Auf dieses Andruckprofil wird anschließend als letzten Arbeitsschritt die Deckschale aufgebracht. Diese wird auf das Andruckprofil aufgedrückt und rastet in der Längsseite in dafür vorgesehene Kerben ein. Diese Ausführung ist als Standardausführung zu sehen. Stabilität, Dichtheit, Entwässerung und Belüftung der Fassade werden hier meist problemlos gelöst.

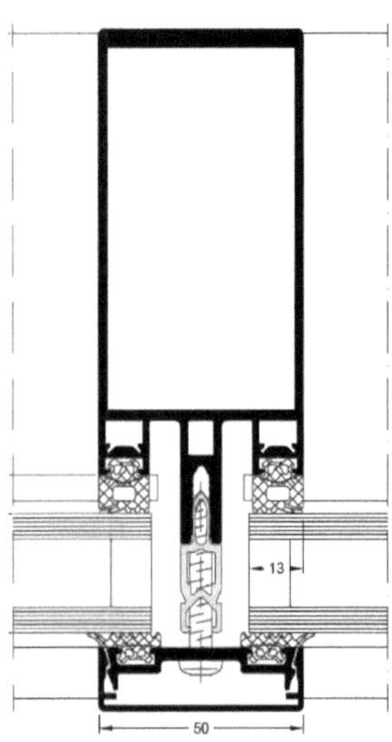

Abb. 2-16 Horizontalschnitt
Andruckprofil und Deckschale

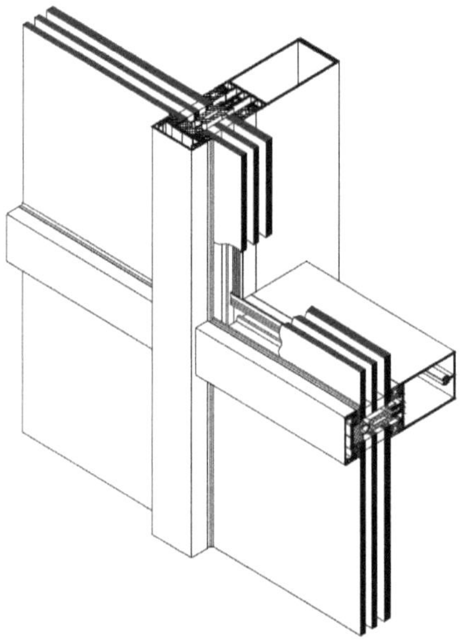

Abb. 2-17 Axonometrie Andruckprofil und
Deckschale

Zu 2) Sichtbar geschraubte Deckschale

Hier kommt nur die Deckschale, welche gleichzeitig das Andruckprofil bildet,
zum Einsatz. Sie wird wiederum mit Dichtungen auf das Glas aufgebracht
und mit Schrauben mit der Tragstruktur verbunden. Bei dieser Ausführung ist
besonders auf die Dichtheit sowie die Entwässerung und die Belüftung zu
achten. Besonders bei geneigten Fassaden oder Fassadenteilen ist darauf
Acht zu nehmen. Auch hier ist die Rücksprache mit dem Systemhersteller zu
empfehlen, da diese Variante nicht in allen Winkeln aus der Senkrechten an-
wendbar ist.

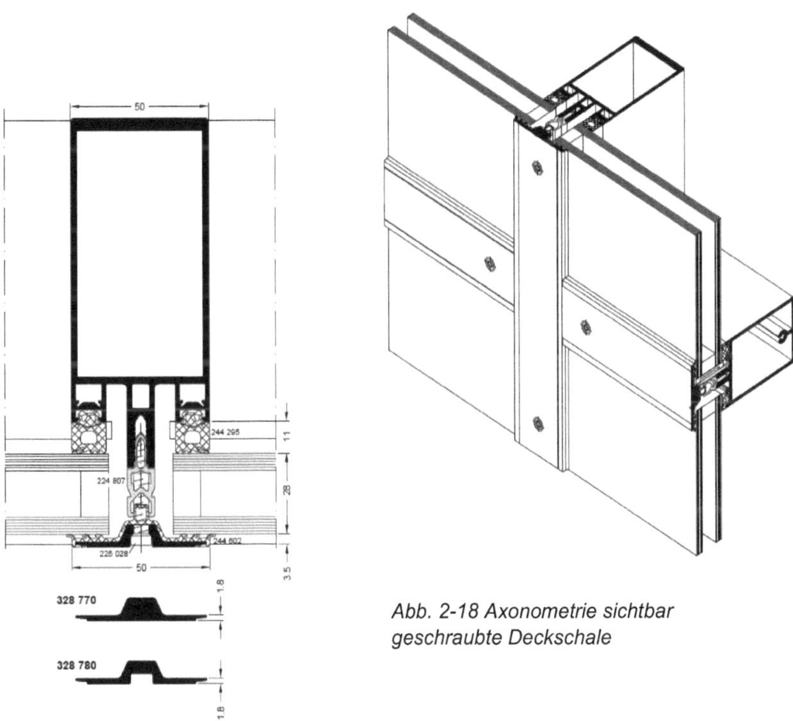

Abb. 2-18 Axonometrie sichtbar
geschraubte Deckschale

Abb. 2-19 Horizontalschnitt sichtbar geschraubte Deckschale

Zu 3) Structural Glazing

Bei dieser Art der Befestigung kommen zwei Varianten zur Ausführung:

A) Die Halterung der Verglasung erfolgt durch unsichtbar eingebaute Aluminiumhalter, die beidseitig in U-förmige Aluminiumprofile im Bereich des Glasrandverbunds der Isolierglasscheiben eingreifen und im durchlaufenden Aluminiumschraubkanal der Tragkonstruktion an jeder beliebigen Stelle verschraubt werden können.

B) Die Gläser werden punktweise mit Teilen des Andruckprofiles befestigt. Die Fugen zwischen den Gläsern werden mit einer speziellen Silikonmasse ausgefüllt. Bekannte Silikonhersteller:

- Dow Corning
- Tremco
- Sika
- Ramsauer
- Bayer Silicones

Abb. 2-20 SG Axonometrie

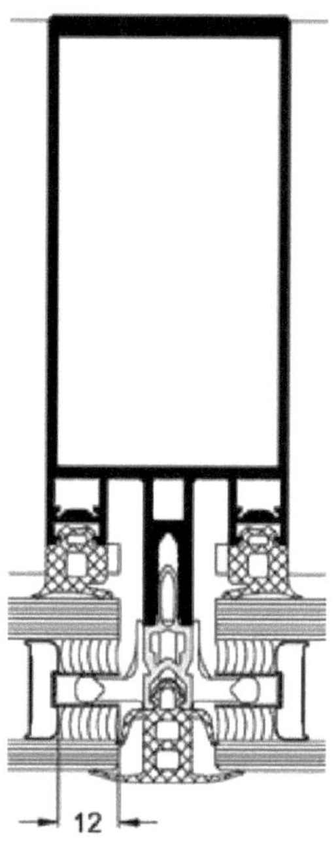

Abb. 2-21 SG Schnitt

An den oben angeführten Darstellungen kann man gut erkennen, dass es nur geringe Unterschiede bei der Ausführung mit Aluminium und Holz gibt und der Aufbau der Verglasung identisch ausgeführt werden kann.

Flügel

Um eine entsprechende Lüftung der Räume hinter der Pfosten-Riegel-Fassade zu erhalten, können Flügel angeordnet werden. Diese werden als fertige Elemente in die dafür vorgesehenen Öffnungen gesetzt und mit der Konstruktion verbunden. Je nach Neigung und Ausführung der Fassade können Flügel nicht beliebig groß gewählt werden.

Paneel

Paneele bestehen aus Metallblechen, meist Stahl verzinkt oder Aluminium. Sie werden ausgeführt, wenn die Fassade:

- im Inneren nicht sichtbar ist,
- nicht transparent sein muss bzw. kein Sonnenlicht und damit Energie in den Raum lassen soll,
- sich über der tragenden Unterkonstruktion befindet z.B. bei einem massiven Stahlbetontragwerk.

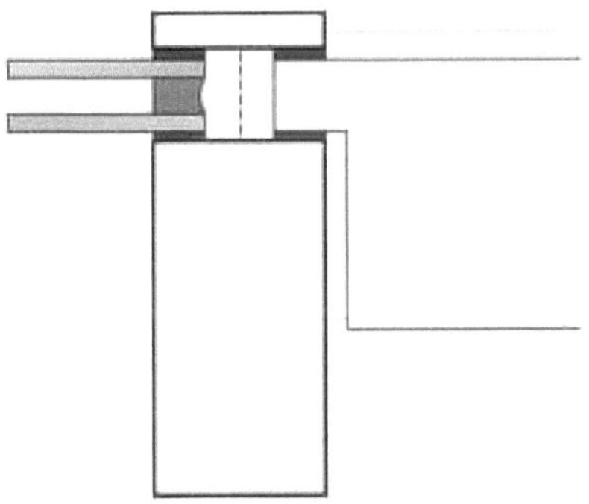

Abb. 2-22 Schematischer Schnitt

Die Befestigung dieser Paneele erfolgt nach dem gleichen Prinzip wie bei den Flügeln. Sie werden im Werk bereits vorgefertigt und auf der Baustelle an die jeweilige Position gebracht und mit der Tragstruktur befestigt. Die Paneele sind zur Verbesserung des Wärme- und Schallschutzes mit Wärmedämmung gefüllt. Um das Eindringen von Wasserdampf in die Konstruktion zu vermeiden, werden diese Paneele dampfdicht ausgeführt.

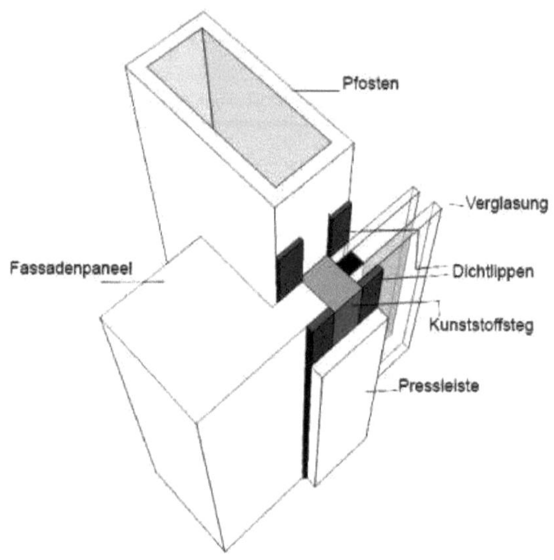

Abb. 2-23 Schematische Darstellung Paneel

2.2 Funktion

Um die Funktion einer Pfosten-Riegel-Fassade zu gewährleisten, müssen folgende Punkte untersucht werden:

- Entwässerung
- Dichtheit
- Belüftung

Die Pfosten und Riegel liegen in verschiedenen Ebenen. Es können zwei oder der drei Ebenen ausgebildet werden. Sollte Kondensat in der Konstruktion auftreten, wird es von dem höherliegenden Riegelfalzgrund in den tiefer liegenden Pfostenfalzgrund gebracht. Von dort aus wird es kontrolliert nach unten abgeleitet. Der Falzgrund oder Drainagenut bezeichnet die Entwässerungsebene des jeweiligen Profils. Die ausgeklinkten Riegelprofile werden auf der Dichtungsaufnahmenut der Pfostenprofile befestigt. Der hierdurch entstehende Höhenversatz der inneren Verglasungsebene wird durch unterschiedliche Dichtungshöhen ausgeglichen. Die äußere Glasanlagedichtung ist für die Pfosten- und Riegelprofile identisch. Sie wird links und rechts in jedem Rasterfeld 20 mm unterbrochen, um die Be- und Entlüftung zu gewährleisten. Bei Rasterbreiten von mehr als 1500 mm ist die Glaslagendichtung zusätzlich in jedem Feld mittig zu unterbrechen.

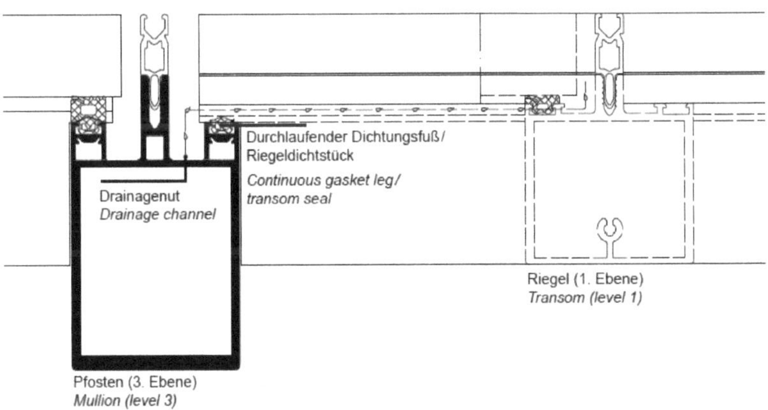

Abb. 2-24 Entwässerung – 2 Ebenen

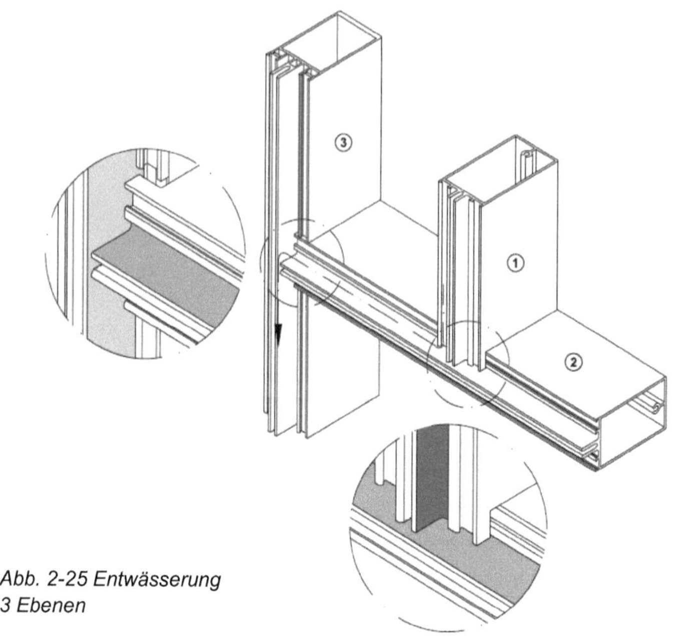

Abb. 2-25 Entwässerung
3 Ebenen

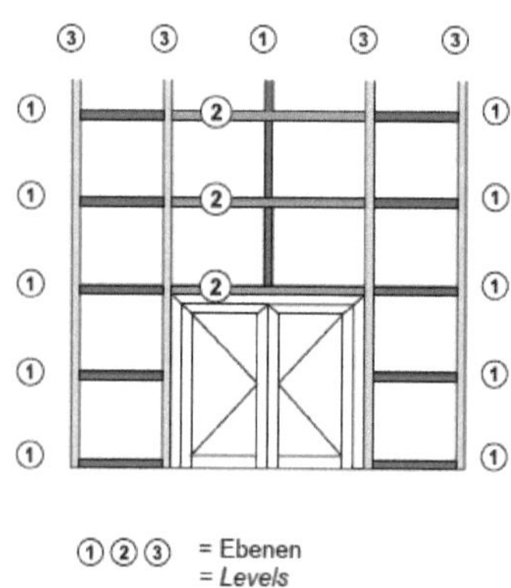

Abb. 2-26 Entwässerung - Levels

Die Dichtheit der Pfosten-Riegel-Fassade wird durch den Einsatz von **EPDM-Dichtungen** (Gummidichtungen) erreicht.

Die Dichtungen werden auf der Innenseite und auf der Außenseite der Gläser angebracht, um Schäden zu vermeiden, eventuelle kleine Unebenheiten auszugleichen und die Dichtheit der gesamten Konstruktion zu garantieren.

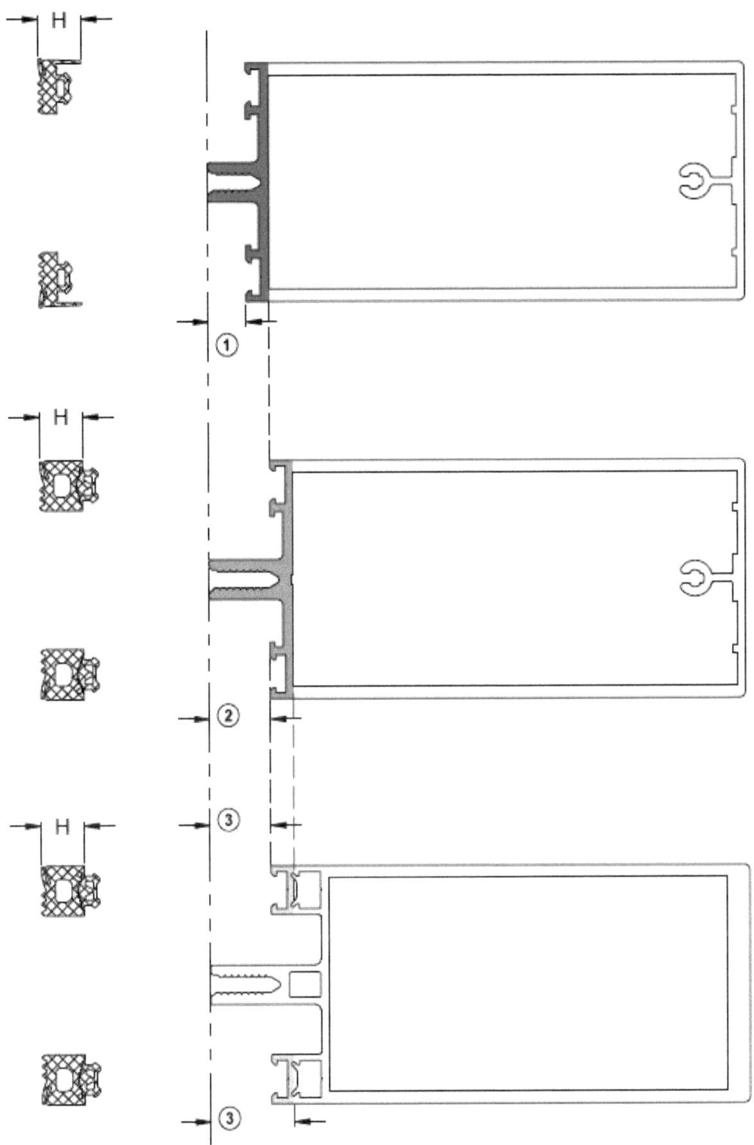

Abb. 2-27 Darstellung der Höhenunterschiede

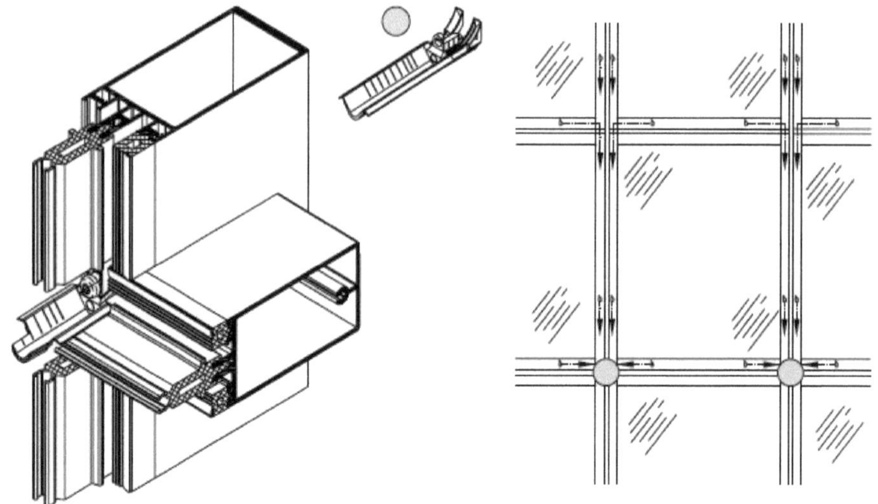

Abb. 2-28 Dampfdruckausgleich

Der **Dampfdruckausgleich** des Glasfalzes im Riegelbereich erfolgt seitlich über die Verbindung zu dem Pfostenfalz. So wird jedes einzelne Scheibenfeld über alle vier Ecken „belüftet". Eine kontrollierte Entwässerung erfolgt über Falzstücke, welche in den Pfostenprofilen im Bereich der Kopf- und Fußpunkte der Fassade eingebracht werden. Bei Fassaden mit Höhen über 8 m bzw. mehr als 8 übereinander angeordneten Feldern werden weitere Falzstücke in Abhängigkeit der Gebäudehöhe eingesetzt. Der Dampfdruckausgleich kann auch über das Feld erfolgen. Dies wird durch Aussparungen am Abdruckprofil erreicht.

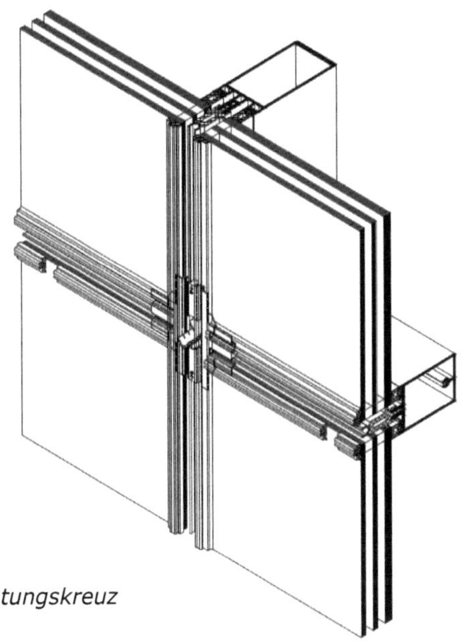

Abb. 2-29 Dichtungskreuz

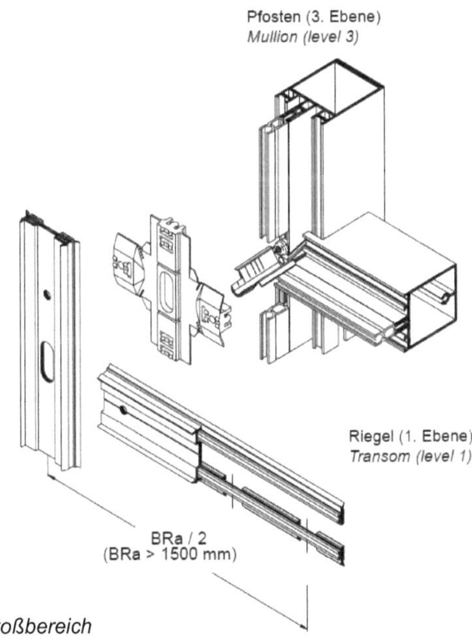

Abb. 2-30 Dichtungen im Stoßbereich

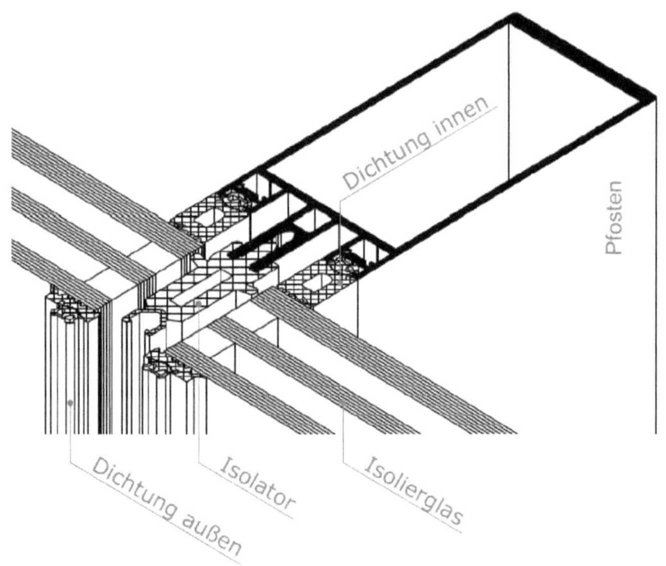

Abb. 2-31 Dichtungen Pfosten

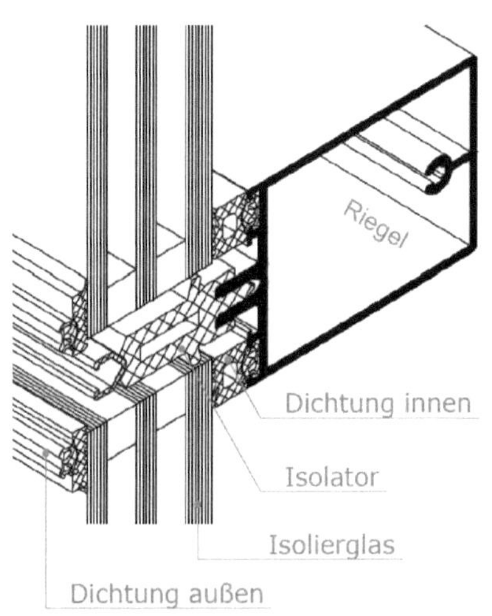

Abb. 2-32 Dichtungen Riegel

2.3 Bauphysik

Aus bauphysikalischer Sicht gibt es zwei Arten von Pfosten-Riegel-Fassaden:

1) Kaltfassade

2) Warmfassade

Bei bauphysikalischen Berechnungen von Fassaden oder Fassadenteilen wird unterschieden, ob es sich um reine Glasfläche, Paneelfläche oder Flügelteile handelt.

Generell ist bei Berechnungen darauf zu achten, **das gesamte Gebäude zu betrachten** und nicht nur einzelne Glas- bzw. Paneelflächen, um ein aussagekräftiges Ergebnis für die ganze Fassade zu erhalten, da die Paneele immer einen besseren U-Wert aufweisen werden als die Glasflächen.

Bei **Kaltfassaden** gibt es in bauphysikalischer Hinsicht nicht viel zu beachten, da an der Außenseite der Konstruktion die gleiche Temperatur wie auf der Innenseite herrscht. Zu beachten sind jedoch die **Dehnungen**, welche sich bei uns in Österreich durch die nicht unerheblichen Temperaturschwankungen ergeben können.

Bei **Warmfassaden** entsteht durch den Unterschied von Außentemperatur und Innentemperatur ein **Dampfdruckgefälle**. Das bedeutet, dass sich die unterschiedlichen Drücke ausgleichen wollen. Dazu muss der Wasserdampf durch unsere Konstruktion diffundieren. Wenn dieser dann durch den Wandel nach außen abgekühlt wird, kommt es im Bereich des Taupunktes zum Ausfall von **Kondenswasser**. Die Aufgabe liegt nun darin, die Konstruktion als Gesamtes zu betrachten und den Taupunkt zu ermitteln, um das eventuell auftretende Kondenswasser in den dafür vorgesehenen Stellen abführen zu können.

Ein weiterer Punkt betrifft den **Kälte- bzw. Wärmeschutz** einer Fassade. Da es bei Pfosten-Riegel-Fassaden zu einem erheblichen Anteil von Glasflächen kommen kann, spielt der Schutz vor Überhitzung in den Räumen eine gleich große, wenn nicht sogar größere Rolle bei unseren Gebäuden. Die Durchlässigkeit der Sonnenstrahlen und damit der Energieeintrag bei Gläsern kann durch Beschichtungen oder Klebefolien ohne weitere konstruktive Maßnahmen beeinflusst/verbessert werden.

Da eine bauphysikalische Berechnung einer Fassade sehr aufwendig und heute Stand der Technik ist, werden diese mit Computerprogrammen ausgeführt. Teile der Fassade werden in diesen Programmen mit allen spezifischen Kennwerten eingegeben und in Kombination berechnet. Je nach Anforderungen können zahlreiche Parameter verändert werden, z.B. Glasstärke, Dämmstärke oder der Einsatz von Beklebungen und Bedruckungen.

Maßgebliche bauphysikalische Parameter sind der U-Wert, das Schalldämmmaß und der Temperaturverlauf der Fassade. Um den Temperaturverlauf in der Konstruktion zu ermitteln wird eine Isothermen-Berechnung durchgeführt.

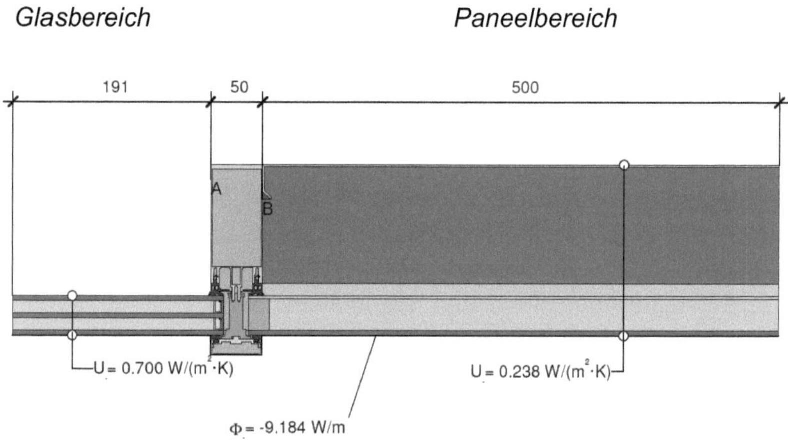

Abb. 2-33 Horizontalschnitt für Isothermen-Berechnung

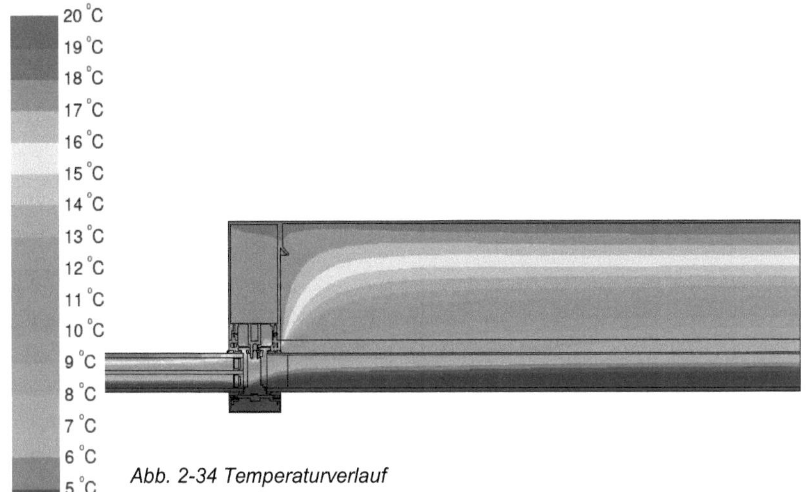

Abb. 2-34 Temperaturverlauf

Mit Hilfe der Isothermen-Berechnung kann der Taupunkt der Konstruktion ermittelt und so die Entwässerung optimiert werden.

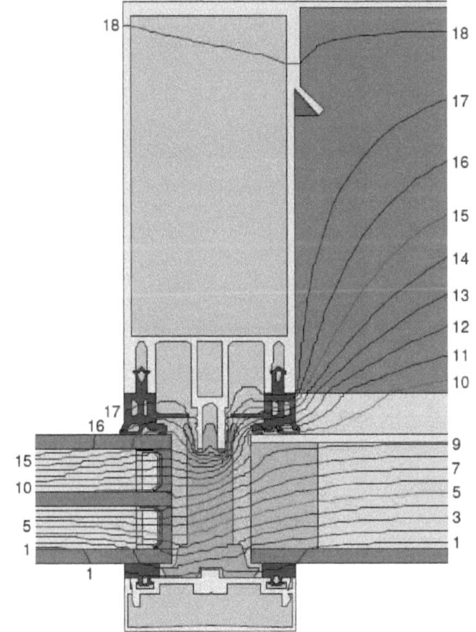

Abb. 2-35 Temperaturverlauf Detail

3 Projektablauf

Der Projektablauf ist in folgende Punkte gegliedert:

1) Planung
2) Produktion
3) Montage
4) Übergabe

3.1 Planung

Die Planung eines Projektes sollte ca. 20% des Auftragsvolumens betragen, um Fehler früh genug zu erkennen und damit auszuschließen. Durch eine gewissenhafte Planung kann erheblicher Mehraufwand in der Produktion sowie in der Montage und damit verbundene unnötige Kosten vermieden werden.

3.1.1 Grundlagen

Die Grundlage für die Planung bildet das technische Wissen über die Pfosten-Riegel-Fassade. Generell unterscheidet man zwischen zwei Plantypen bei einem Projekt:

1) Architektenpläne

2) Ausführungs- und Montagepläne

Zu den **Architektenplänen** zählen der Vorentwurf, Entwurf und der Einreichplan. Aufgrund dieser Pläne werden eine **Ausschreibung** und ein **Leistungsverzeichnis** erstellt. Auf diesen Grundlagen basieren die weiteren Arbeiten der ausführenden Firma. Diese fertigt die Ausführungs- und Montagepläne selbst an oder beauftragt ein Planungsbüro als Subunternehmer, der die Planungsleistungen erbringt.

3.1.2 Ausführungs- und Montageplanung

In dieser Phase der Planung ist die Fassade im Wesentlichen durchgeplant, um die Ausführungs- und Montagepläne erstellen zu können. Eine gute Zusammenarbeit zwischen dem Architekturbüro und der ausführenden Firma ist wichtig, um zu einem möglichst optimalen Ergebnis zu kommen. Bei eventuellen Änderungen, welche z.B. aus statischer oder bauphysikalischer Hinsicht notwendig sind, ist die Kommunikation unter den einzelnen Verantwortlichen unumgänglich.

Nach der Übermittlung der Architektenpläne an die ausführende Firma muss in erster Linie die Richtigkeit der gesamten Planung überprüft werden, da das Unternehmen bei Mängeln der **Warn- und Hinweispflicht** nachzukommen hat.

Einige wichtige Punkte, welche überprüft werden müssen:

- Rastermaße in Hinblick auf
    - Dimension von Pfosten und Riegel ausreichend
        - Stützweiten
        - abzutragende Lasten
    - Maximale Abmessungen von Gläsern
        - Rückfrage bei Hersteller
    - Funktion der Fassade
        - Entwässerung
        - Dichtheit
        - Belüftung
- Brandschutz/Brandabschnitte
    - eventuelle Zusatzmaßnahmen
- Bauphysik
    - Wärmeschutz
    - Schallschutz
- Montage
    - Hebemittel
    - Zugänglichkeit der Baustelle

Die **Ausführungsplanung** wird, wie erwähnt, entweder von der ausführenden Firma selbst übernommen oder an einen Subunternehmer weitergegeben. Anhand der Ausführungsplanung werden Fertigungspläne und Details angefertigt, mit diesen die Produktion beginnen kann. Eine wichtige Aufgabe der Ausführungsplanung ist die Optimierung der einzelnen Bestandteile der Fassade, wie z.B. wirtschaftliche Pfosten- und Riegellängen, Ausnützung der Standardbleche im Paneelbereich und auch Vorfertigung einzelner „Elemente".

Die **Montageplanung** legt die Montagereihenfolge der PR-Fassade fest. Hier kann unterschieden werden, ob geschossweise montiert wird oder eine Wand nach der anderen über mehrere oder alle Geschosse. Dies ist abhängig von den Randbedingungen auf der Baustelle. Die logistische Abwicklung der Baustelle muss in dieser Phase ebenso mitberücksichtigt werden.

Einige Fragen, welche die Montageplanung/Logistik klären soll:

- Stehen Hebemittel zur Verfügung?
- Ist das Gelände mit schweren Hebegeräten befahrbar?
- Sind parallel andere Gewerke auf der Baustelle tätig?
- Wie viele Lagerflächen stehen zur Verfügung?
- Ist die Anlieferung auf der Baustelle zeitlich geregelt?
- Wie groß muss die Montagemannschaft sein?

Planungsbüros in Österreich, welche sich auf Fassadenbau spezialisiert haben:

- FOB – Face of Buildings
- EAFact
- GG – Architekten
- SGB Consulting GmbH
- AFC Aluminium Fassaden Consulting

3.2 Produktion

Um mit der Produktion der Fassade beginnen zu können, wird aufgrund der Ausführungsplanung das benötigte Material bei einem Systemanbieter bestellt.

Auf Basis der von dem Systemanbieter vorgelegten Produktionsrichtlinie startet die Produktion der einzelnen Fassadenteile. Die Aluminiumteile werden „roh" (unbehandelt) geliefert und mit speziellen Maschinen bearbeitet. Die Oberflächenbehandlung erfolgt nach der Profilbearbeitung. Aluminium wird meistens pulverbeschichtet oder eloxiert.

3.2.1 Vorfertigung

Ein wesentlicher Entscheidungsfaktor bei der Wahl, ob eine Elementfassade oder eine Pfosten-Riegel-Fassade zum Einsatz kommt, ist die **Transportierbarkeit**. So kann es vorkommen, dass die Elemente durch die weite Rasterung zu groß oder zu unwirtschaftlich zu transportieren wären. Aus diesem Grund kann man einzelne Teile einer PR-Fassade, welche wirtschaftlich transportiert werden können, im Werk bereits vorfertigen, um Zeit bei der Montage zu sparen. Im Falle der vorgefertigten Elemente können auch Montagepfosten zur Anwendung kommen, beispielsweise wenn der Stoß der Elemente ein Pfosten der 1. Ebene (3. Entwässerungsebene) ist. Der Grad, wie weit man die einzelnen Bauteile bereits im Werk zusammenfügt, hängt vom jeweiligen Projekt ab. Einen weiteren Entscheidungsfaktor bildet die **Vorlaufzeit** des Projektes, bis es zur Fertigung kommt, da man für die Produktion einer PR-Fassade mehr Vorlaufzeit als bei einer Elementfassade benötigt.

3.2.2 Lieferung

Die Logistik bei der Lieferung hängt von einigen Faktoren ab:

- Wie viele Lageflächen stehen auf der Baustelle zur Verfügung?
- Gibt es einen Endladeplatz für den LKW, an dem er länger stehen kann, um die Ware abzuladen oder gibt es gewisse Fahrzeiten (Stadtgebiet – Anfragen bei Magistrat)?
- Verladung nach Montageplan – Obermonteure müssen die einzelnen Fassadenteile nicht suchen

3.3 Montage

Die Montagereihenfolge der PR-Fassade wird durch die Montageplanung vorgegeben. Deshalb ist auch große Sorgfalt auf die Planung zu legen, da Verzögerungen auf der Baustelle immer mehr Kosten verursachen werden als ein größerer Planungsaufwand. Eine Pfosten-Riegel-Fassade kann stehend oder hängend montiert werden. Bei einer Ausführung über mehrere Geschosse wird in den meisten Fällen eine hängende Montage gewählt, da diese einen statischen Vorteil bietet und Dehnungen besser ausgleichen kann.

3.3.1 Montageablauf

Es wird der generelle Montageablauf einer Pfosten-Riegel-Fassade von innen nach außen beschrieben. Die Lage des Pfostens bzw. des Riegels hinsichtlich der Ebene ist von Projekt zu Projekt verschieden. Die Anzahl der Ebenen richtet sich vor allem nach der Rasterung. Die Ausklinkungen an den Profilen hängen von der Anzahl der Ebenen ab.

Ausklinkungen sind Einschnitte im Profil, welche Höhenunterschiede ausgleichen und die Entwässerung sichern sollen. Von RAICO werden Systeme angeboten, bei denen Pfosten und Riegel mit dem gleichen Profil ausgeführt werden und die Entwässerung nur über die Dichtungsebene erfolgt, das bedeutet, dass keine Ausklinkungen erforderlich sind.

Nach der Vorbereitung der Unterkonstruktion (glatter Untergrund) kann mit der Montage begonnen werden.

Genereller Montageablauf: **Seite 31-46**

<table>
<tr><td>[1]</td><td>Lager</td><td>Seite 31-37</td></tr>
<tr><td>[2]</td><td>Pfosten</td><td>Seite 38-39</td></tr>
<tr><td>[3]</td><td>Riegel</td><td>Seite 38-39</td></tr>
<tr><td>[4]</td><td>Innere Glaslagendichtungen</td><td>Seite 40-42</td></tr>
<tr><td>[5]</td><td>Isolatoren</td><td>Seite 40-42</td></tr>
<tr><td>[6]</td><td>Falzstücke</td><td>Seite 40-42</td></tr>
<tr><td>[7]</td><td>Klotzung der Gläser</td><td>Seite 43-44</td></tr>
<tr><td>[8]</td><td>Äußere Glaslagendichtung</td><td>Seite 45-46</td></tr>
<tr><td>[9]</td><td>Andruckprofile</td><td>Seite 45-46</td></tr>
<tr><td>[10]</td><td>Deckschalen</td><td>Seite 45-46</td></tr>
</table>

Der **erste Schritt** [1] bei der Montage einer Pfosten-Riegel-Fassade beginnt mit dem **Montieren der Lager** auf der Unterkonstruktion. Die Unterkonstruktion beschreibt die tragende Struktur, an welcher die Fassade montiert wird.

Arten von Lager:
- Festlager
- Loslager

Diese zwei Arten unterscheiden sich noch in ihrer Lage:
- im Profil
- im Stoßpunkt

In den nächsten Darstellungen wird die Anordnung dieser unterschiedlichen Lagertypen aufgezeigt. Es werden Lager vom Hersteller angeboten (teuer) oder die Lager werden von der ausführenden Firma selbst hergestellt (bei großen Stückzahlen kostengünstig).

Abb. 3-1 Montage der Lager

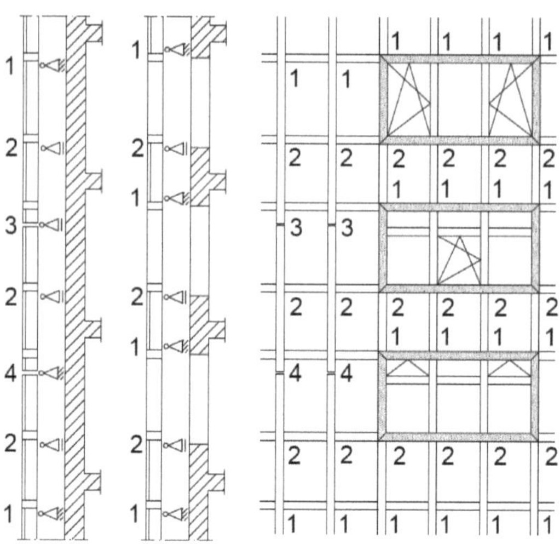

Abb. 3-2 Übersicht Lager

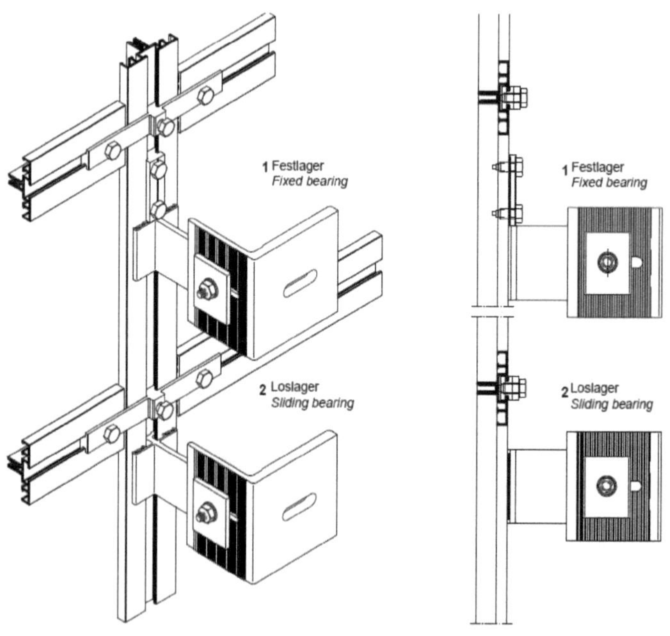

Abb. 3-3 Lager im Profil

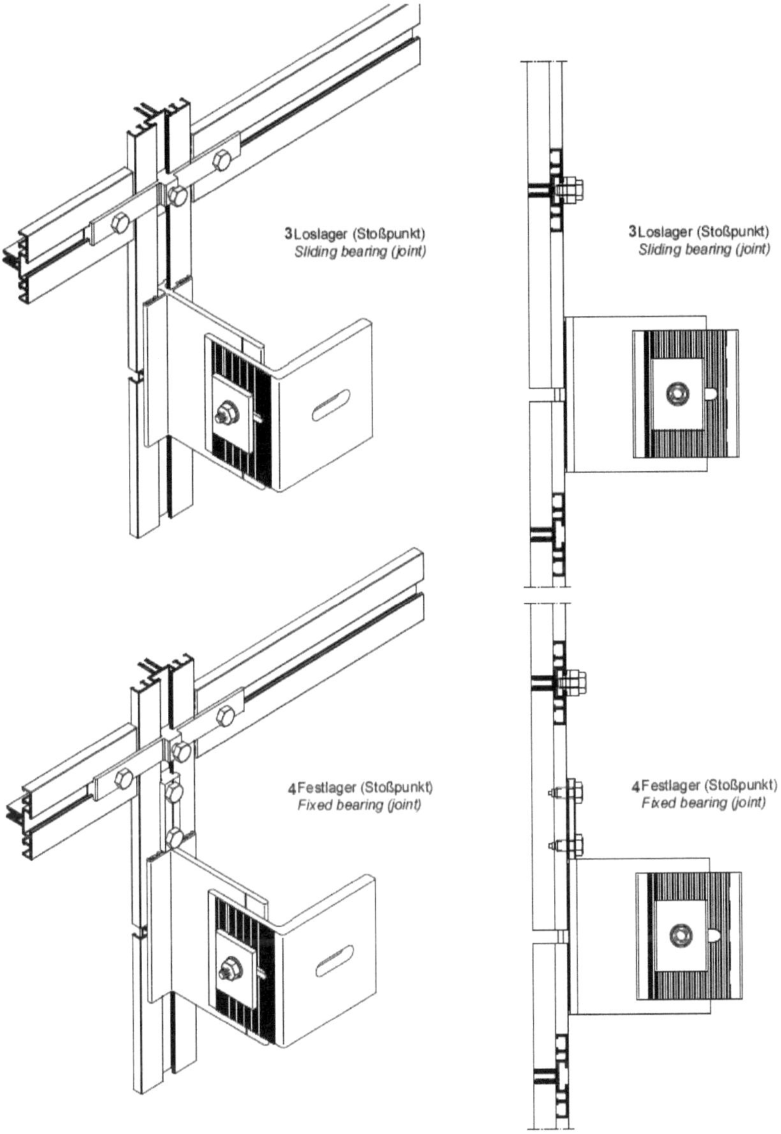

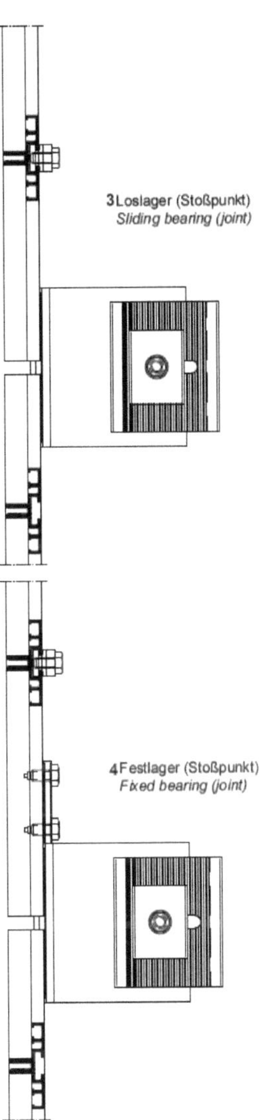

Abb. 3-4 Lager im Stoßpunkt

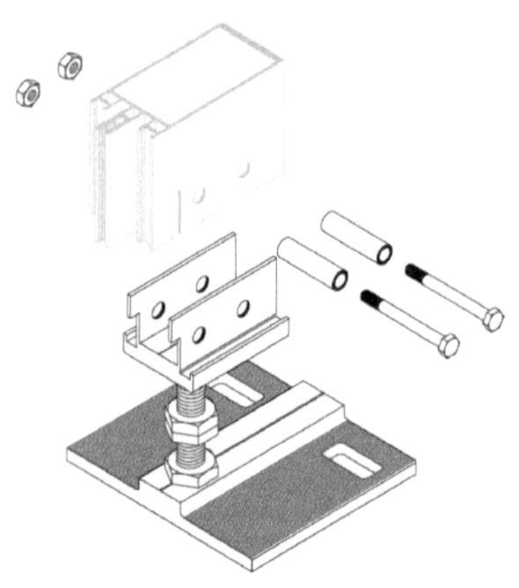

Abb. 3-5 Höhenverstellbarer Fußpunkt

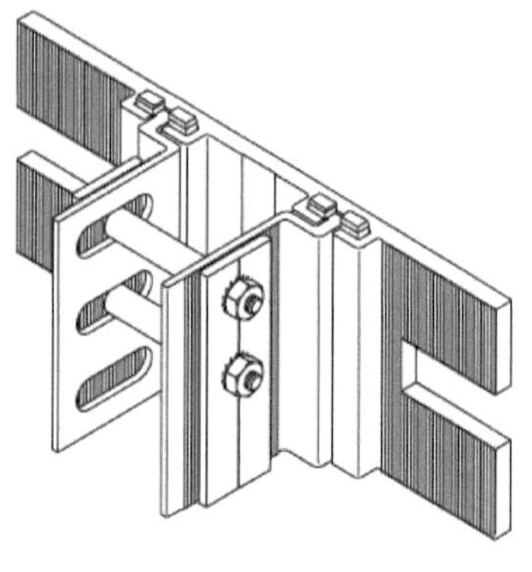

Abb. 3-6 Deckenbefestigung Lospunkt

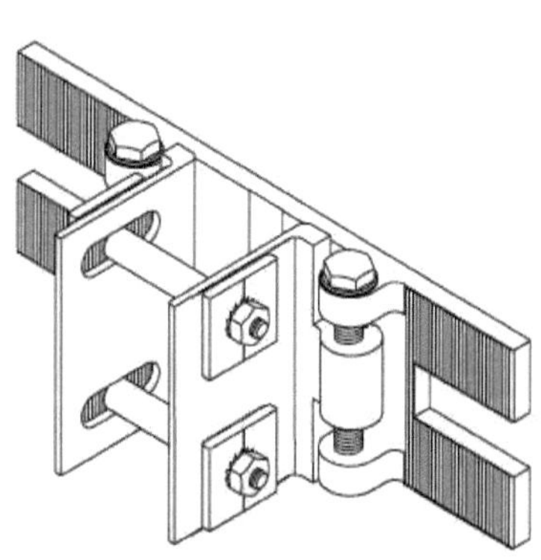

Abb. 3-8 Deckenbefestigung Festpunkt

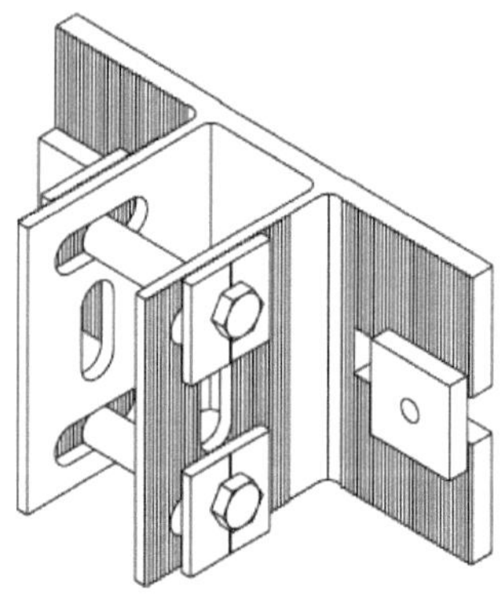

Abb. 3-7 Deckenbefestigung als Los- oder Festpunkt

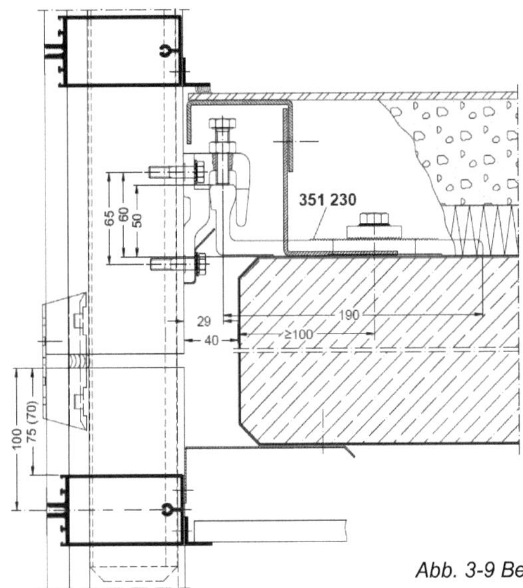

Die Montage der Lager, Fuß- und Kopfpunkte an die Unterkonstruktion erfolgt mittels **Fassadenanker**. Die richtige Montage ist auch hier Voraussetzung für eine gute Qualität der gesamten Fassade.

Abb. 3-9 Beispiel Deckenbefestigung

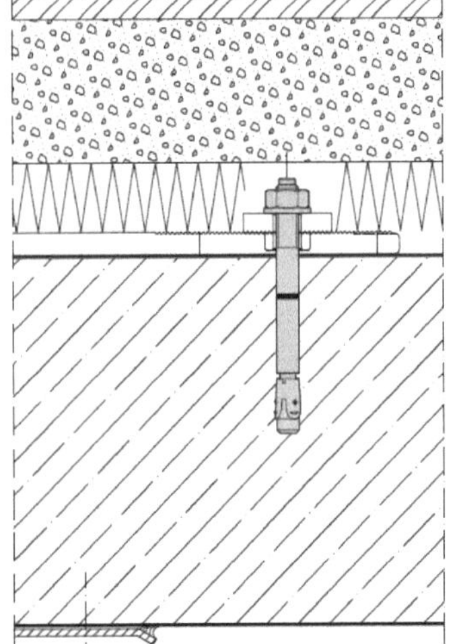

Vorteile:

- Der optimierte Spreizclip ermöglicht eine hohe Tragfähigkeit. Dadurch werden weniger Befestigungspunkte und kleinere Ankerplatten benötigt.
- Die internationalen Zulassungen garantieren maximale Sicherheit und höchste Leistungsfähigkeit.
- Die Bolzengeometrie ermöglicht eine optimale Lastverteilung und dadurch die Verwendung nahe am Rand und in dünnen Bauteilen.
- Wenige Hammerschläge und der minimale Anzugsschlupf sorgen für eine spürbar einfache Montage.
- Der Einschlagzapfen schützt das Gewinde vor Beschädigungen und sichert die problemlose Demontage des Anbauteils.

Ausführungen:
- galvanisch verzinkter Stahl
- nicht rostender Stahl
- hochkorrosionsbeständiger Stahl

Zulassungen für:
- Beton C20/25 bis C50/60, gerissen
- Beton C20/25 bis C50/60, ungerissen

Abb. 3-10 Beschreibung Fassadenanker

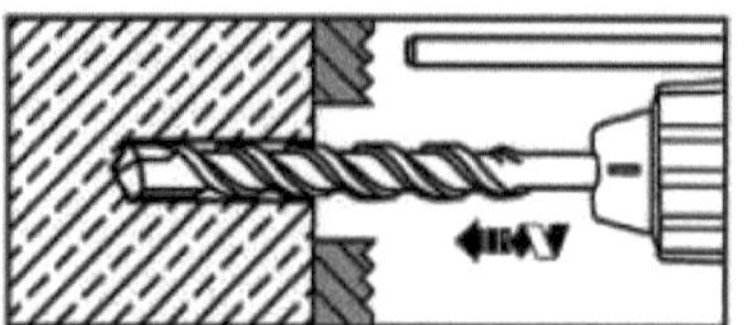

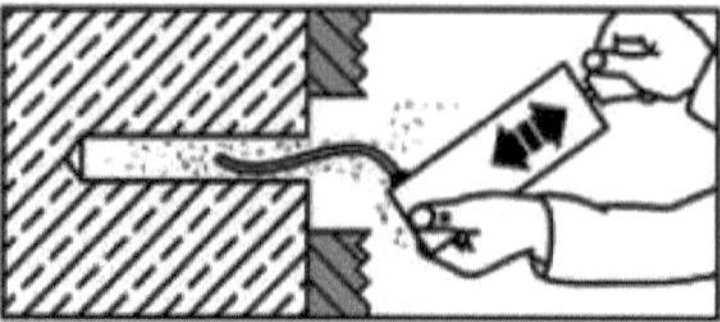

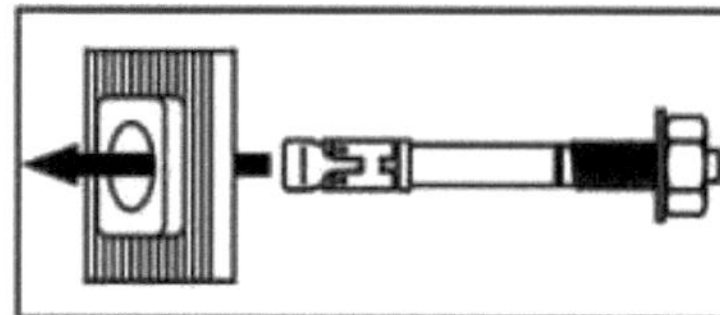

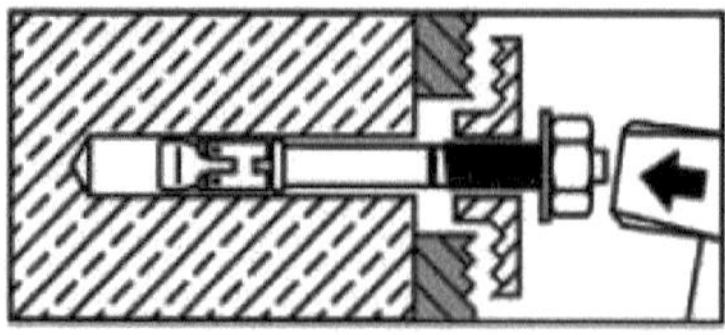

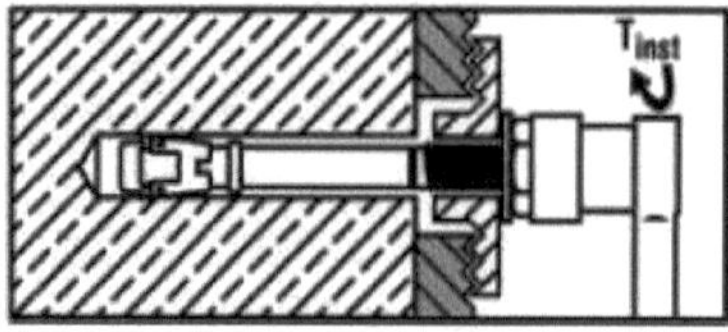

Abb. 3-11 Richtige Montage der Fassadenanker

Abb. 3-12 Fußpunkt

Abb. 3-13 Deckenbefestigung

Nach dem Montieren der Lager werden die **Pfosten und Riegel** montiert. Die Pfosten können an den Lagern ausgerichtet werden. Dies ist möglich durch verstellbare Lager oder durch Langlochbohrungen an den Profilen. Anschließend werden die Riegel zwischen den Pfosten mittels konstruktiven Verbindungen, T-Verbindungen, Knopf T-Verbindern, Federbolzen-T-Verbindern oder U-Profilverbinder befestigt.

[2,3]

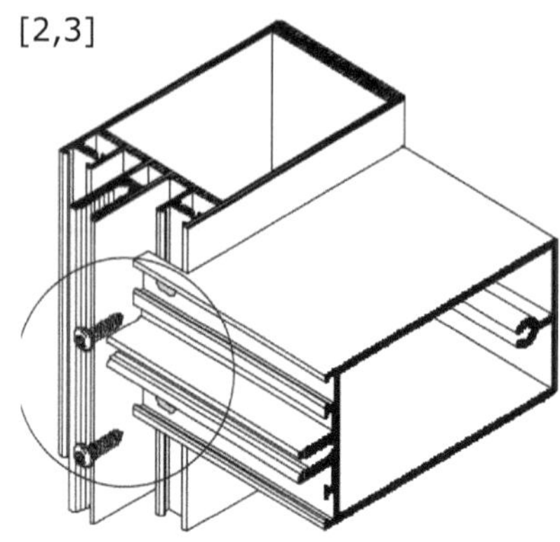

Abb. 3-14 Pfosten + Riegel

Befestigung des Riegels am bereits montierten Pfosten. Durch die Ausklinkung am Riegel ist die richtige Entwässerung gewährleistet. In diesem Fall entwässert ein Riegel 1. Ebene in einen Pfosten 3. Ebene. Der Riegel wird mittels Schrauben mit dem Pfosten verbunden. Auf die jeweilige Abdichtung der nicht verwendeten Entwässerungsebenen ist zu achten.

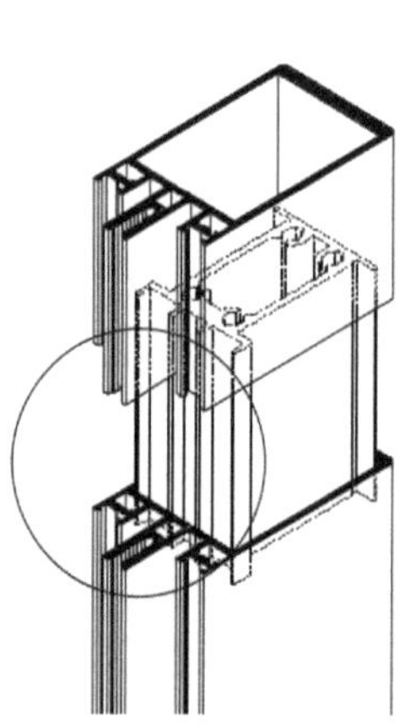

Abb. 3-15 Profillängsstoß

Bei Längsstößen der Profile wird mit statischen Einschüben gearbeitet. Zwei Profile werden mit einem Verbindungsstück mittels Schrauben verbunden. (Längsausdehnungen im Stoßbereich beachten)

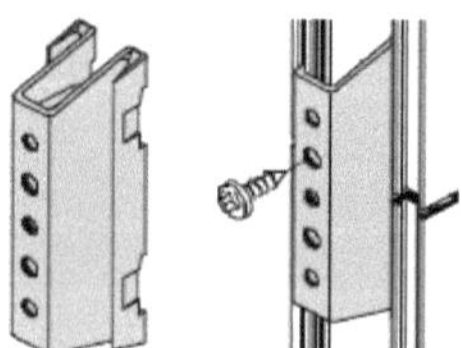

Abb. 3-16 Montage Pfosten und Riegel

Abb. 3-18 Fertig montierte Tragkonstruktion

Im nächsten Montageschritt werden die inneren Glasanlagedichtungen eingezogen und die Isolatoren im Schraubkanal befestigt.

[4,5]

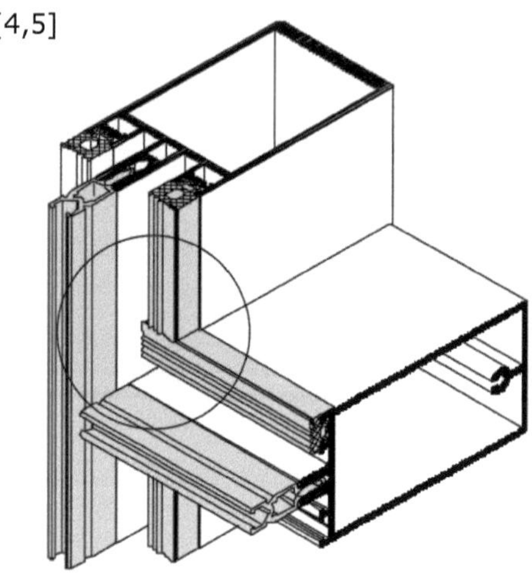

Abb. 3-20 Glasdichtung innen

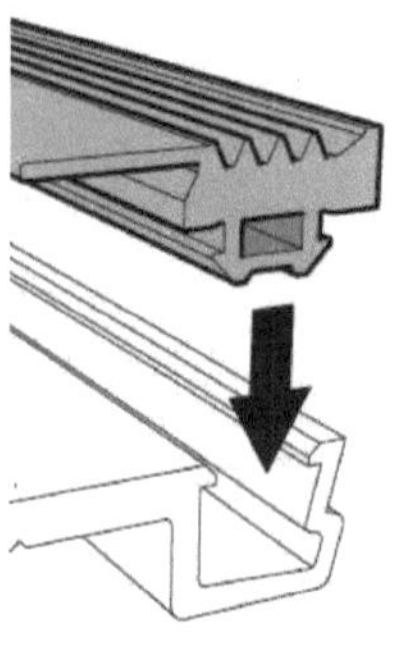

Abb. 3-19 Glasdich-
tung Positionierung

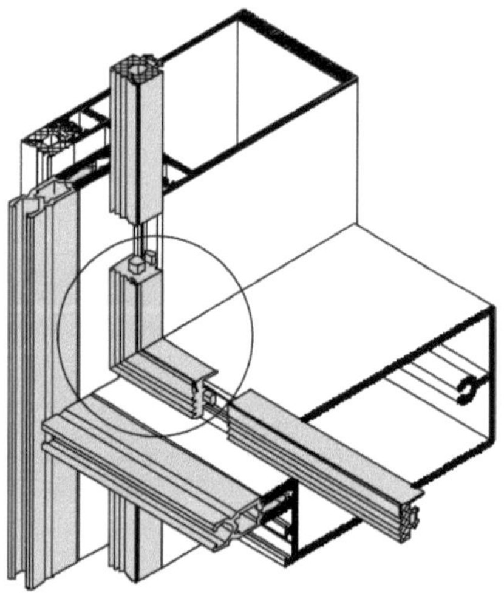

Abb. 3-22 Glasdichtungen innen
mit fertigen Ecken

x = 17 bis 55mm

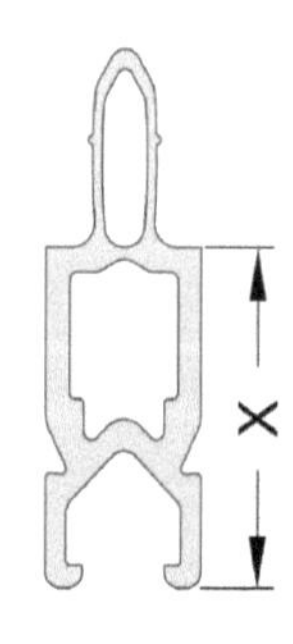

Abb. 3-21
Isolator

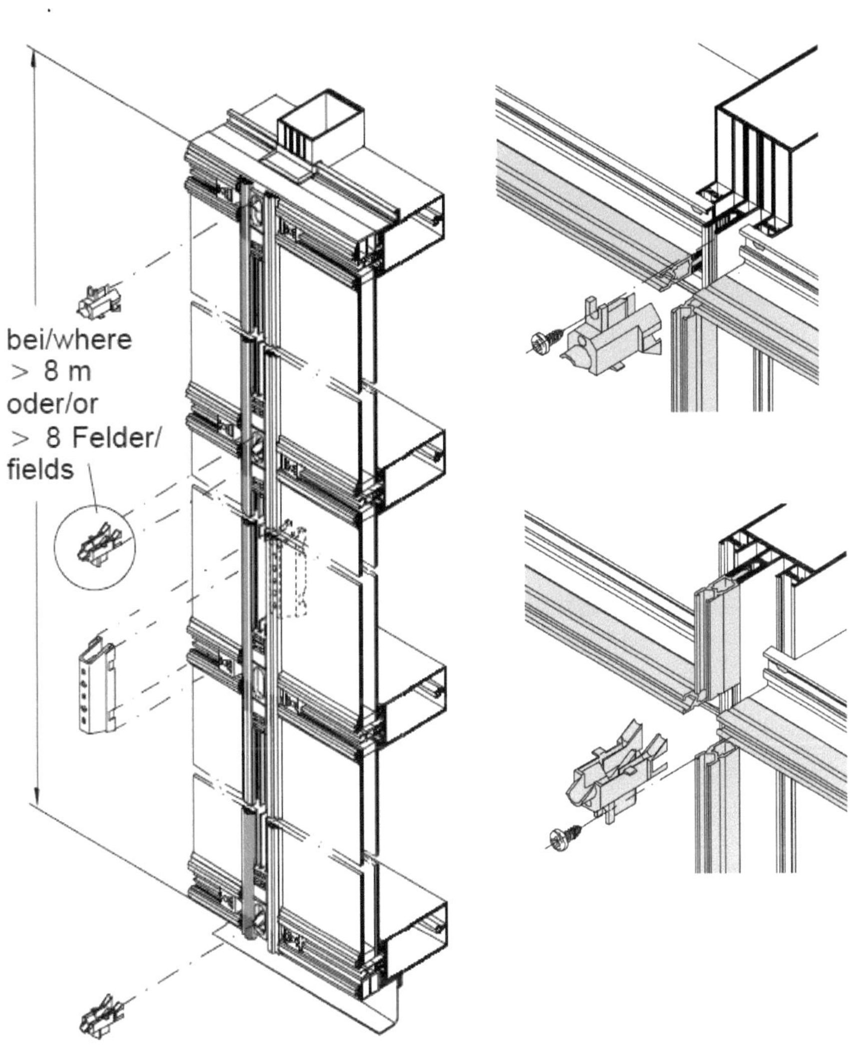

Abb. 3-23 Montage Falzstück

Es folgt die Montage des Falzstückes für die Be- und Entlüftung sowie der Entwässerung der Profile.

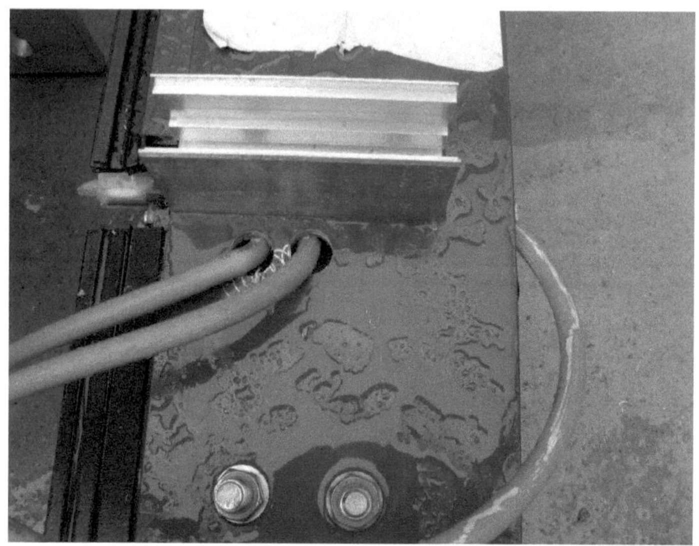

Abb. 3-24 Vorgefertigter Pfosten

Pfosten mit Verbinder für Riegel, eingesetzten Dichtungen, Isolatoren und Falzstück. Mit Schutzfolie beklebt, um die beschichtete Oberfläche bei der Montage nicht zu beschädigen.

[7]

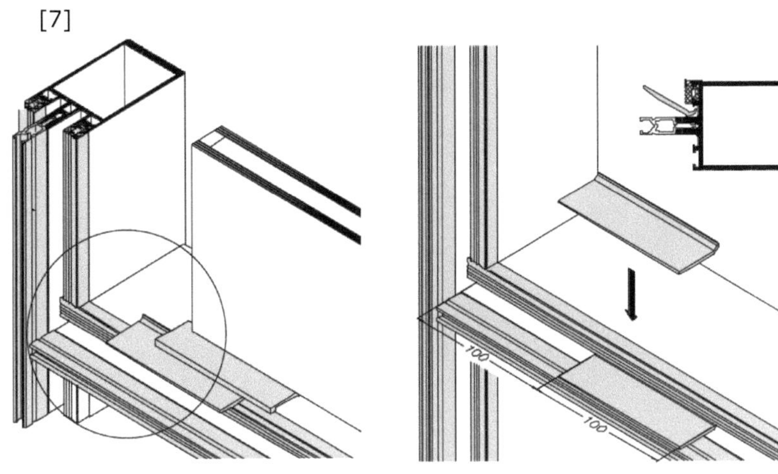

Abb. 3-25 Klotzung

Einer der wesentlichsten Montageschritte ist das Klotzen der Gläser. In diesem Arbeitsschritt werden Glasträger in die Profile der Tragstruktur geklemmt. Durch diese Klotzung verteilt sich das Gewicht auf das Profil und die gesamte Konstruktion. Der Abstand der Glasträger richtet sich nach dem Gewicht des Glases.

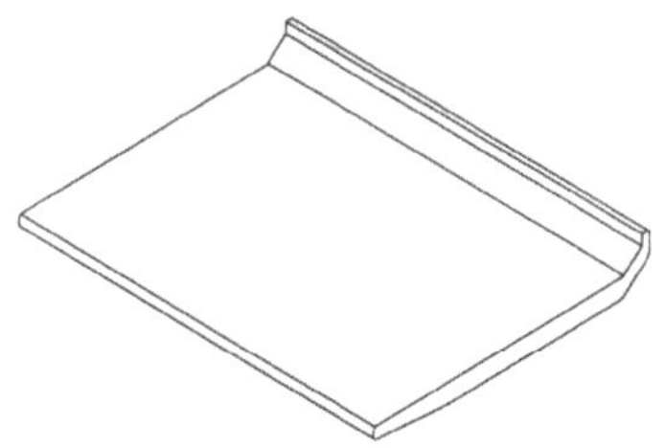

Glasträger Standard
- Glaslasten max. 185 kg
- Glasdicken von 6 mm bis 64 mm
- Einhängen auf der Baustelle
- Edelstahlglasträger verfügbar
  (Passivhaus zertifiziert –
  Lastwerte auf Anfrage)

Abb. 3-26 Glasträger

Abb. 3-27 Montage der Gläser

Abb. 3-28 Punktsicherungen

Baufortschritt nach dem Klotzen und punktweisen Befestigen der Gläser an der Tragstruktur. Die Montage der Gläser erfolgt mittels Hebewerkzeug mit Sauganlage.

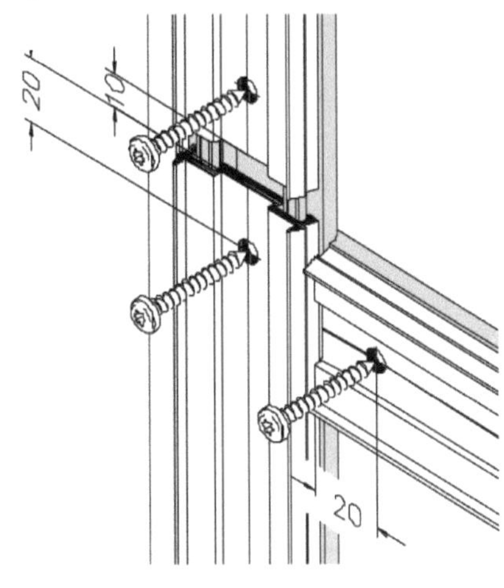

Abb. 3-29 Andruckprofile

Nach der Verlegung der Gläser mittels Klotzung und punktueller Befestigung werden die **Andruckprofile** mit den **äußeren Glasdichtungen** mittels Schrauben an der Tragstruktur durch den Isolator und den Schraubkanal am Profil befestigt. Je nach Ausführung der Verglasung bildet das Andruckprofil als Deckschale ausgeführt den Abschluss der Konstruktion.

Abb. 3-30 Deckschale

Wird die Konstruktion mit Andruckprofil und **Deckschale** ausgeführt, werden zum Schluss die Deckschalen auf die Andruckprofile gepresst. Diese rasten in Längsrichtung an einer dafür vorgesehenen Kerbe am Andruckprofil ein.

Abb. 3-31 Montierte PR-Fassade im Dachbereich

Fertig montierte PR-Fassade mit Andruckprofil und Deckschale ausgeführt.

Achtung: Abstand bei Deckschalen einhalten, um Entwässerung zu gewährleisten.

Abb. 3-32 Deckschalenmontage

Im nachfolgenden Teil werden Verbindungsarten von Pfosten und Riegel und Anschlussdetails aufgezeigt.

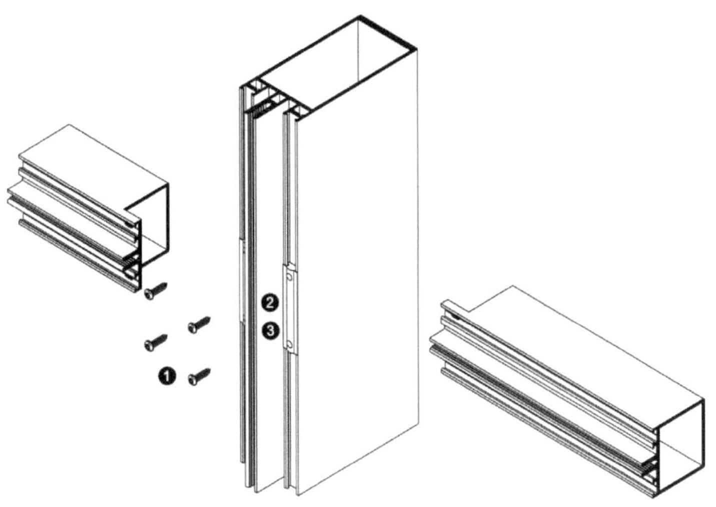

Abb. 3-33 Konstruktive Verbindung

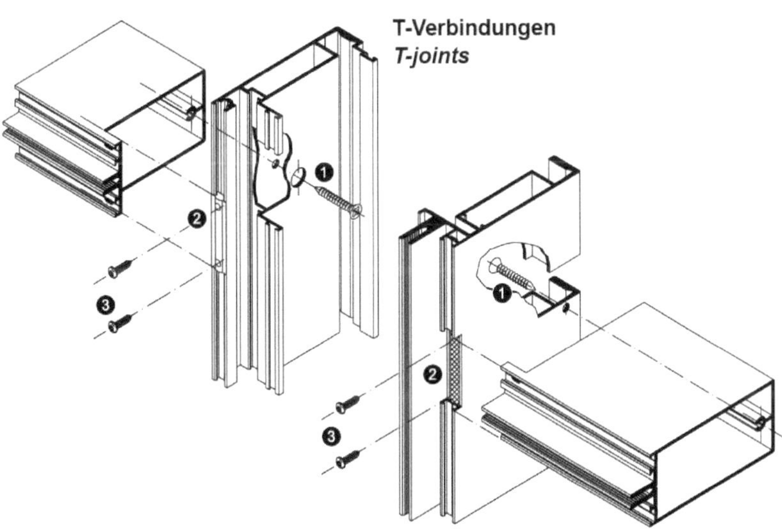

Abb. 3-34 T-Verbindungen

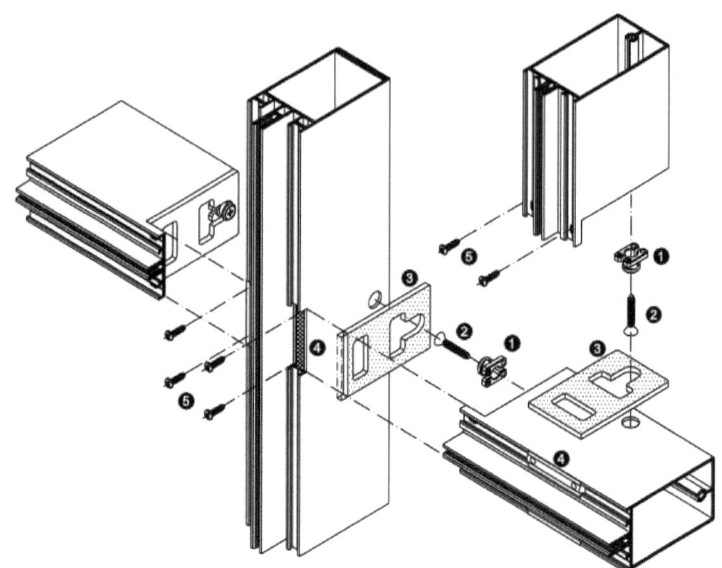

Abb. 3-35 Knopf T-Verbinder

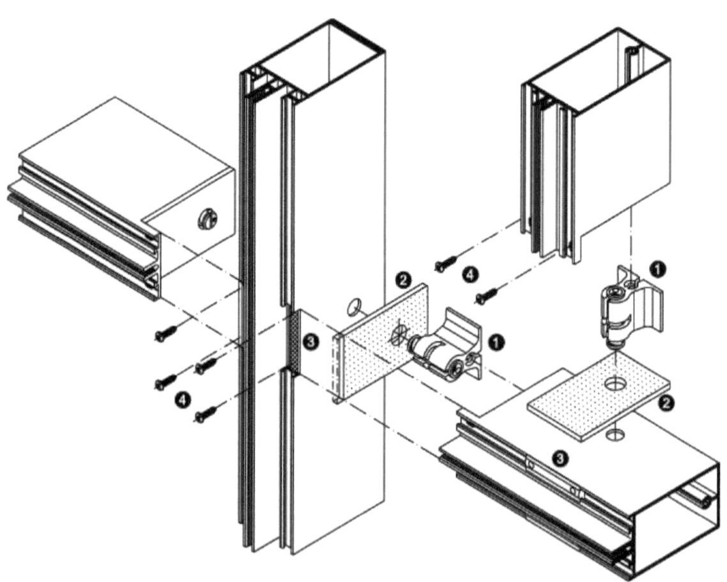

Abb. 3-36 Federbolzen T-Verbinder

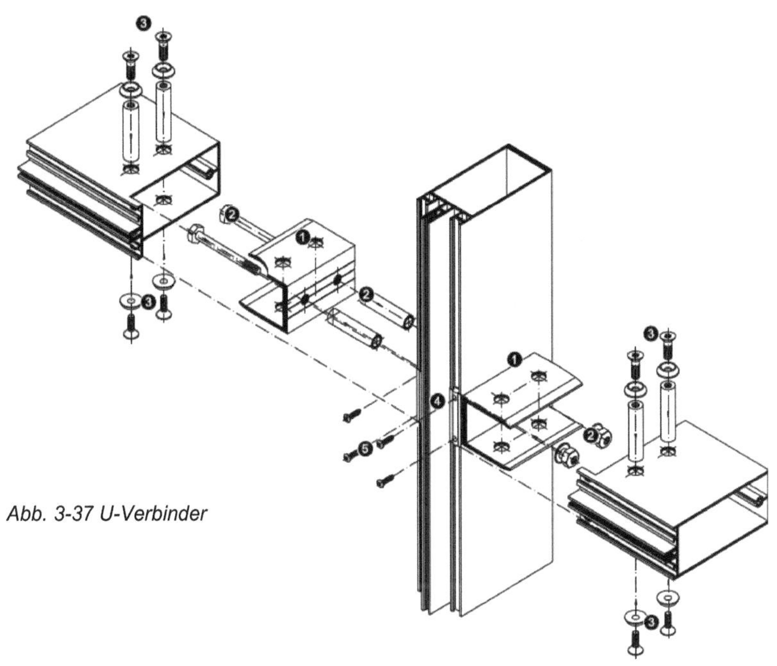

Abb. 3-37 U-Verbinder

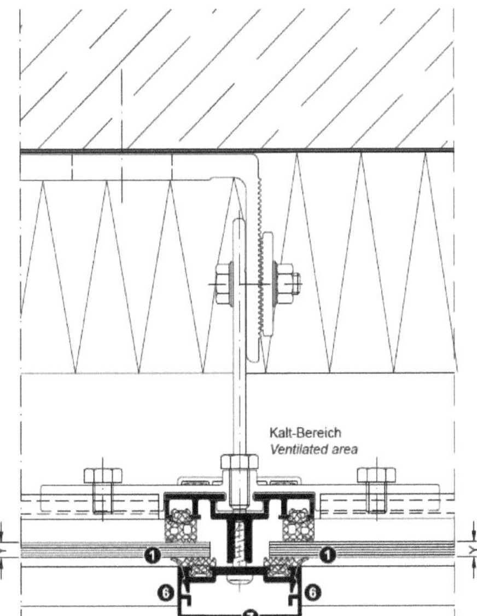

Abb. 3-38 Beispiel Verglasung Kaltbereich

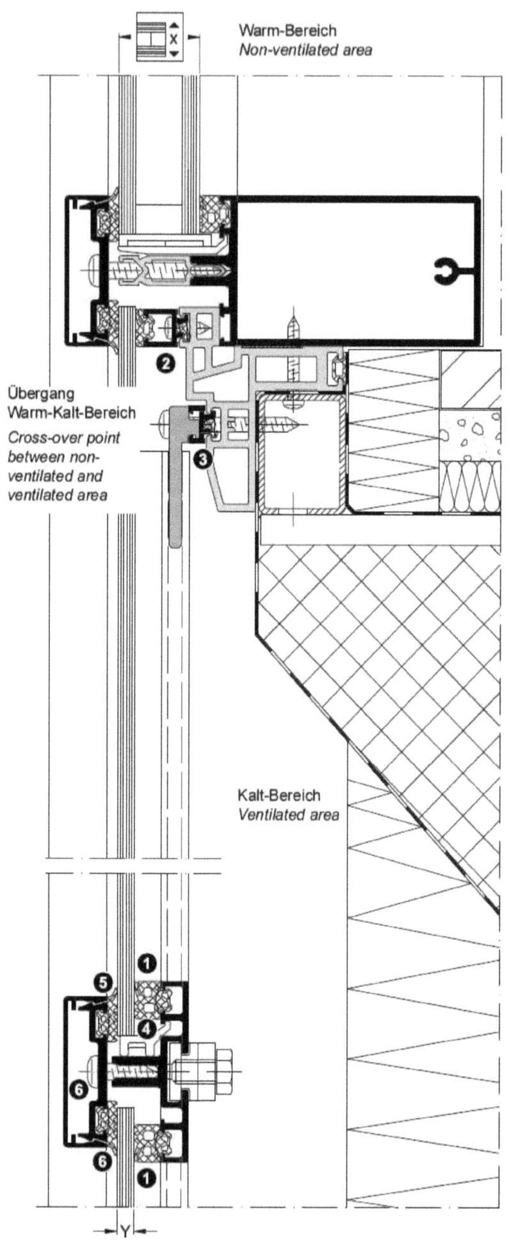

Abb. 3-39 Beispiel Anordnung der Lager

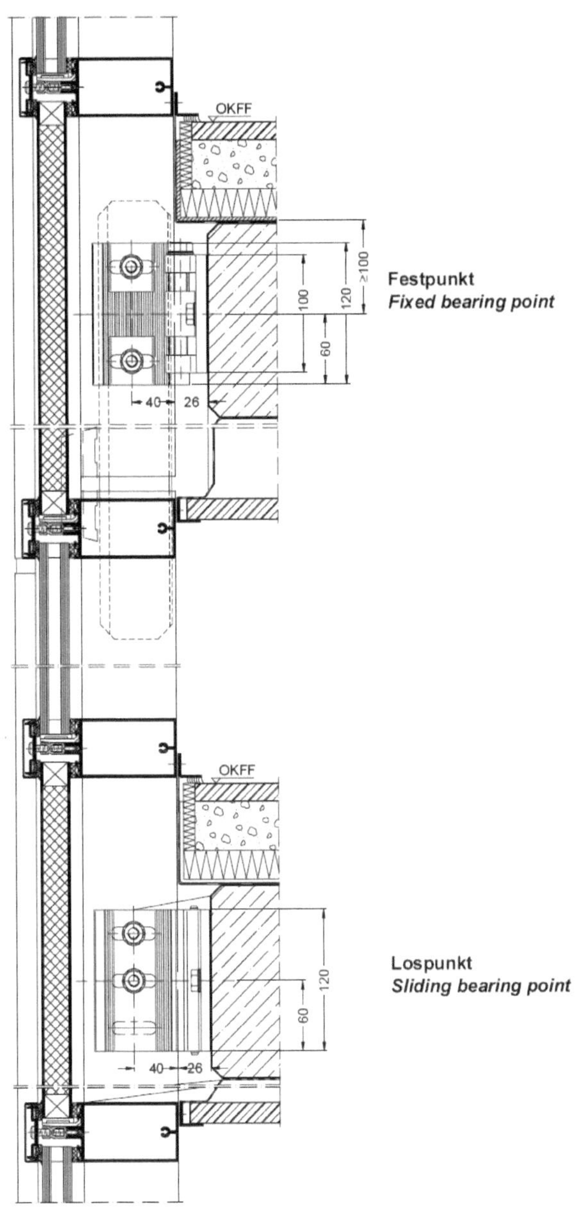

Abb. 3-40 Beispiel für den Übergang Kalt-Warmbereich

3.3.2 Hebewerkzeuge

Um die Fassadenteile auf der Baustelle in Position zu bringen, benötigt man in den meisten Fällen Hebegeräte. Im Falle der Verglasung benötigt man zusätzlich eine Ansauganlage, da das Gewicht der Gläser sehr hoch sein kann und Beschädigungen mit dieser Methode vermieden werden können. Die Ansauganlage wird auf dem jeweiligen Hebegerät befestigt.

Hebegeräte:
- Hochturmdrehkran
- Autokran
- Seilzüge

Abb. 3-41 Beispiel Hochturmdrehkran - DC-Tower 1

Steht ein **Hochturmdrehkran** zur Verfügung, ist zu klären, ob die Schwenkradien und die maximale Tragfähigkeit ausreichend sind. Ebenso könnten begrenzte Hubzeiten vorgegeben sein, z.B. wenn noch andere Gewerke auf der Baustelle tätig sind, welche den Kran benötigen. Der große Vorteil eines Hochturmdrehkranes ist seine Adaptierbarkeit. So kann der Kran mit dem Baufortschritt des Gebäudes „mitwachsen", indem er in regelmäßigen Abständen mit dem Bauwerk verbunden wird.

Dieses Bild zeigt den großen Vorteil des Hochturmdrehkranes am Bau der Fassade des DC-Tower 1 in Wien. Bei diesem Beispiel handelt es sich um eine Elementfassade, aber der Einsatz des Kranes wäre bei einer Pfosten-Riegel-Fassade identisch.

Der Vorteil eines **Autokrans** besteht in seiner Flexibilität auf der Baustelle. Er kann schnell auf- und abgebaut werden, benötigt aber auch den entsprechenden Platz dafür. Autokräne werden auch verwendet, um Hochturmdrehkräne aufzustellen.

Abb. 3-42 Autokran

Seilzüge werden z.B. bei einem mehrgeschossigen Gebäude verwendet, indem diese ein paar Geschosse über dem eigentlichen Montagegeschoss der Fassade montiert werden und so das Material in das gewünschte Geschoss befördern können. Die Seilzüge können auch auf Schienen montiert werden. Damit ist man relativ flexibel bei der Anlieferung des Materials.

Abb. 3-43 Seilzug

Wenn das Bauwerk im Baufortschritt bereits soweit vorangeschritten ist, dass **Fassadenbefahranlagen** montiert sind, welche später für die Reinigung der Fassade verwendet werden, können diese auch für Montagezwecke verwendet werden.

Abb. 3-44 Fassadenbefahranlage

Glasansauganlagen werden verwendet, um die Gläser an ihre Position zu bringen. Sie werden an das Hebegerät angeschlossen und gewährleisten eine beschädigungsfreie Montage.

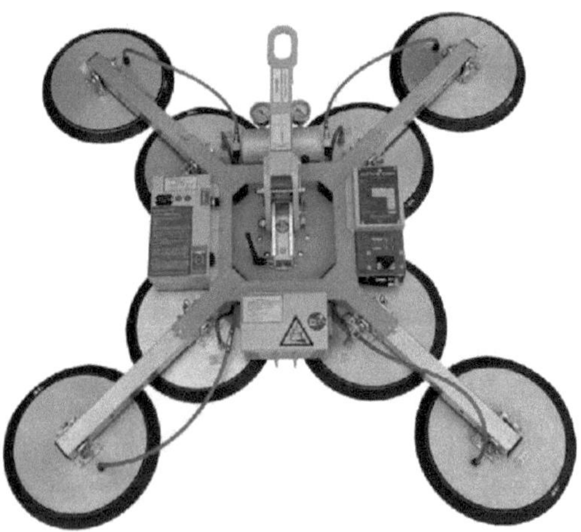

Abb. 3-45 Glasansauganlage

Weitere **Montagehilfen** auf der Baustelle:

- Seilsicherungen
- Gerüste
- Steiger
- Hebebühnen
- Mastbühnen
- Doppelmastbühnen

Abb. 3-46 Seilsicherung

Abb. 3-47 Doppelmastbühne

Abb. 3-48 Fahrbare Montagehilfen

3.4 Übergabe

Nach der Fertigstellung der gesamten Leistungen wird die Fassade dem Bauherrn übergeben. Bei der Übergabe ist es wichtig, eventuelle **Mängel** zu erkennen und zu dokumentieren. Ab dem Zeitpunkt der Übergabe beginnt die Gewährleistung.

Mängel/Schäden an Fassaden:

- Glasbruch durch
    - Spannungen aus Temperaturunterschieden
    - falsche Montage
        - falsche Klotzung
        - Schraube
        - Druck
- Schäden an Brandschutzgläsern
    - Auslauf des Brandschutzgels wegen fehlender Randabdichtung
    - Überhitzung der Brandschutzscheiben
    - Auslauf des Brandschutzgels wegen Randbeschädigung
    - Blasen durch Wärme und UV Belastung
- Schäden durch Wassereintritte
    - Entwässerung verklebt
    - Unzulässige Entwässerung über Unterdach
    - bei bündigem Wandanschluss
    - bei barrierefreiem Anschluss von Türen
    - über Gehrungen, Befestigungsbohrungen und Laufschienenstößen
    - bei falschen Wand-und Bodenanschlüssen
        - Abdichtungen an falscher Seite angebracht
        - falsche Verblechung
        - ungünstige Profilstöße
        - falsche Entwässerung beim Fußpunkt
- Schäden an Türverschlüssen
    - Beschädigungen durch fehlende Türpuffer
    - falsch angebrachte Türfeststeller
- Schäden an der Oberfläche

Abbildungs- und Quellenverzeichnis

Literaturverzeichnis

Kataloge:

Schueco-Kataloge (05/2014)
- Bestellkatalog Fassaden 2-1
- Fertigungskatalog Fassaden 2-1
- Montage Profilfassaden

Websites:

https://www.schueco.com
http://www.ristaro.de
http://www.easywintergarten.de
http://www.baulinks.de
http://www.baunetzwissen.de
https://de.wikipedia.org
http://www.fahrzeugbilder.de
http://www.krebskran.at
http://www.manntech.de
http://www.fuertbauer-kran.at
http://www.vertikal.net
http://www.beyer-baumaschinen.de
http://www.flixo.com

Bilder:

STRABAG AG – Direktion AO Metallica

Buy your books fast and straightforward online - at one of the world's fastest growing online book stores! Environmentally sound due to Print-on-Demand technologies.

Buy your books online at

www.get-morebooks.com

Kaufen Sie Ihre Bücher schnell und unkompliziert online – auf einer der am schnellsten wachsenden Buchhandelsplattformen weltweit!
Dank Print-On-Demand umwelt- und ressourcenschonend produziert.

Bücher schneller online kaufen

www.morebooks.de

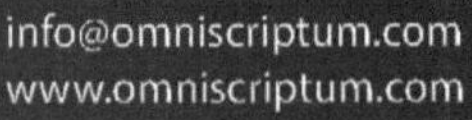

OmniScriptum Marketing DEU GmbH
Heinrich-Böcking-Str. 6-8
D - 66121 Saarbrücken
Telefax: +49 681 93 81 567-9

info@omniscriptum.com
www.omniscriptum.com

Printed by Books on Demand GmbH, Norderstedt / Germany